もっと早く

Excel

木村 幸子——[著]

暗黙のルール

マイナビ

サンプルファイルのダウンロードについて

本書で紹介している解説やワザで使用しているサンプルファイルは、サポートサイトからダウンロードできます。サンプルファイルを開いて実際に操作しながら本書を読むと、より理解がすすみ、業務に役立てやすくなります。ぜひ、ご活用ください。

本書のサポートサイト

https://book.mynavi.jp/supportsite/detail/9784839975944.html
サンプルファイルのほか、補足情報や訂正情報を掲載してあります。

- 本書は2021年8月段階での情報に基づいて執筆されています。
  本書に登場するソフトウェアやサービスのバージョン、画面、機能、URLなどの情報は、すべて原稿の執筆時点でのものです。
  執筆以降に変更されている可能性がありますので、ご了承ください。

- 本書に記載された内容は、情報の提供のみを目的としております。
  したがって、本書を用いての運用はすべてお客様自身の責任と判断において行ってください。

- 本書の制作にあたっては正確な記述につとめましたが、著者や出版社のいずれも、本書の内容に関してなんらかの保証をするものではなく、内容に関するいかなる運用結果についてもいっさいの責任を負いません。あらかじめご了承ください。

- 本書中の会社名や商品名は、該当する各社の商標または登録商標です。

- 本書中では™および®マークは省略させていただいております。

はじめに

「Excelは使えているはずなのに、作業に時間がかかってしまう」「上司や先輩からの評価が今ひとつ。でも、どこを直せばいいのかわからない」
Excelをお使いの皆さん、こんな悩みを抱えていませんか？ それは、「暗黙のルール」を知らないからかもしれません。

「暗黙のルール」とは、現場でExcelを使う上でのちょっとしたコツや決まりのことです。たとえば、シートに表を作るときには、「1シートに作成できる表は一つ」、「セル結合を使わない」、「表の途中で空行を入れない」などのルールがあります。
ここを間違えなければ、データ管理がしやすく、抽出や集計もスムーズにできる表を作れますが、このルールを知らないと、エラーが出て使いづらい表になるなど、作業の効率と職場の評価の両方を下げてしまうことにもなりかねません。業務でExcelを使いこなすには、機能とルールの両方を知っておくことがポイントになるのです。

そこで、この本の出番です。本書は、職場での高評価や時短につながる「暗黙のルール」の数々を、知っておきたいExcelワザと合わせて紹介しています。本書を読めば、見栄えと実用性の両方を備えた表の作り方、数値を可視化するグラフのポイント、欲しいデータを効率よく探す方法や集計機能の使い分けなどがルールと一緒に身に付きます。
リモートワークが増えた最近では、職場の人に尋ねたり、教わったりする機会はますます減っています。ご自身のExcel操作がルールにかなったものかどうかを一度見直してみませんか？

この本が、業務でExcelを利用している皆さんにとって、一つでも多くのヒントを与える存在になれば幸いです。

2021年8月　木村 幸子

もくじ

第1章 日々の業務がもっと捗る 暗黙のキホンのキ ——————— 009

1.1 データが消えた！をやらないために

1.2 数式が消えた！は被害甚大

1.3 後のことを考えたファイル保存を

1.4 エラー値でわかる困ったときの対処方法

第2章 伝わる表を作る 暗黙のルール ————————————— 039

2.1 表の見出しを思い通りに

本書の読み方

本書は「ワザ」と「解説」、2種類のページによって構成されています。

―― ワザ ――

ていねいな操作方法で
すぐに仕事に活かせる！

難易度を示すワザレベル。
まずはレベル1のものを
しっかりマスターしましょう

操作や解説のヒント

やりがちなExcel操作の
落とし穴や改善例を
図解で解説しています

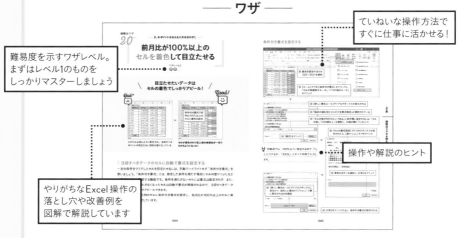

知っていると仕事力アップ！ 誰も教えてはくれなかったExcelとっておきのワザを
操作方法をまじえて説明します。
※ サンプルファイル（P.002参照）を一緒に操作しながら読み進めることで理解度がアップします

―― 解説 ――

Excelの基本は
解説ページでしっかり習得！

解説や操作方法の
補足情報やTipsは
コラムで紹介しています

なんとなくの理解で仕事を進めていませんか？ 解説ページでは、Excelの本来の
力を引き出す暗黙のルールをしっかり解説しています。

第1章

突然のフリーズも怖くない

\\ 日々の業務がもっと捗る
暗黙のキホンのキ //

データが消えた！数式が消えた！
こんなときこそあわてず落ち着いて対処したいもの。
「しまった！」と青くならずにすむために知っておきたい
暗黙のルールをまとめました。

転ばぬ先のシートコピー

ワザレベル2
😊 😊 😊

▌ 大がかりな作業前には保険のコピーを忘れない

複雑な集計を行う、表のレイアウトを大幅に変えるといった大きな作業に取り掛かる前に、使うシートをコピーしておきましょう。作業前のシートのコピーが残っていれば、万一のことがあっても安心です。表のレイアウトが大幅にくずれてしまったり、計算式が修正不可能なほどおかしくなってしまっても、コピーしたシートを元にやり直すことができるからです。シートコピーをするときは、次の2種類の方法を使い分けると便利です。

コピーのワザ① ［Ctrl］キー＆ドラッグでシートをコピーする

同じファイル内に「とりあえず」のコピーを作るなら、ドラッグ操作が手軽です。なお、コピーした控えのシートは、編集作業が無事に終わって不要になったら削除しましょう。

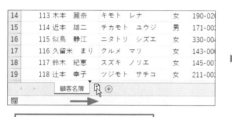 

❶ ［Ctrl］キーを押した状態で、シート見出しを右へドラッグ

❷ シートがコピーされた。コピーされたシートのシート名には、元のシートと同じ名前に「(2)」が付く

コピーが終わらないうちに［Ctrl］キーを離すと、シートが移動してしまいます。コピーされたシートが表示されるまでは［Ctrl］キーから指を離さないようにするのがコツです。

コピーのワザ② 新しいファイルにシートのコピーを作る

新規ファイルを作成して、そこにシートのコピーを作るやり方です。外部から受け取ったファイルを変更せずにそのまま残しておきたい場合や、ファイル内の一部のシートを元にして、新しいファイルを作りたい場合などに使います。

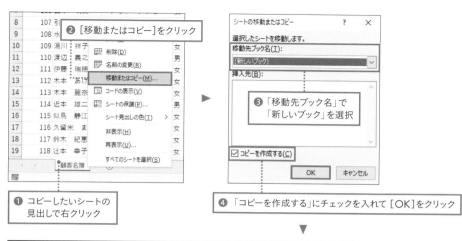

❶ コピーしたいシートの
　見出しで右クリック

❷ [移動またはコピー]をクリック

❸ 「移動先ブック名」で
　「新しいブック」を選択

❹ 「コピーを作成する」にチェックを入れて[OK]をクリック

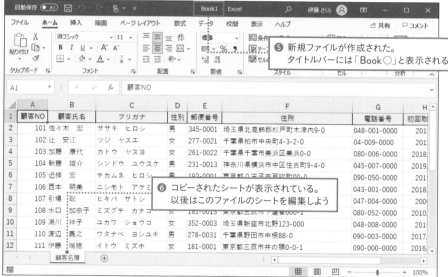

❺ 新規ファイルが作成された。
　タイトルバーには「Book○」と表示される

❻ コピーされたシートが表示されている。
　以後はこのファイルのシートを編集しよう

Column

人から受け取ったファイルは編集しない

自分以外の人が作ったExcelファイルは、数式や機能をどのように設定しているか、ぱっと見ではわかりづらいものです。

トラブルを避けるためにも、受領したファイルを直接編集することはせず、ワザ②の操作で作業に必要なシートを別のファイルにコピーしてから使う方が無難でしょう。

フリーズは
忘れた頃にやってくる

ワザレベル2
☺ ☺ ☺

▌ 万一の事態に備えて「自動保存」の設定を見直そう

パソコン作業で最も怖いのはフリーズです。ひとたびパソコンがフリーズすれば、保存していなかった作業内容は、あっという間に失われてしまいます。ただし、ExcelなどのOfficeソフトには、操作の内容を10分おきに保存する救済機能が備わっています。「自動回復用データ」を開けば、失われたデータを（一部だけでも）復旧できる場合があります。まずはその設定を確認しておきましょう。

「自動保存」を有効にしておく

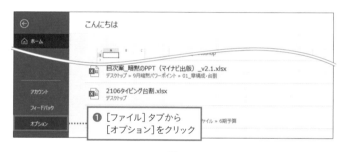

❶ ［ファイル］タブから［オプション］をクリック

▼

❷ ［Excelのオプション］ダイアログボックスで［保存］を選択

❸ ［ブックの保存］の2箇所にチェックを入れる

❹ 自動回復用データの保存間隔を設定する

❺ ［自動回復用ファイルの場所］で指定されたフォルダーに自動回復用ファイルが保存される。特に変更する必要はない

手順❸で［次の間隔で自動回復用データを保存する］と［保存しないで終了する場合、最後に自動回復されたバージョンを残す］の両方にチェックを入れることで自動保存が行われ、保存されたデータを元にファイルを復旧できるようになります（初期設定ではどちらもチェックが入っています）。

手順❸の初期設定では10分ごとに保存が実行されるようになっています。数字を小さくすれば、保存が頻繁に行われるためデータを復旧できる確率が高くなりますが、パソコンに負荷がかかるので、様子を見て調整しましょう。

フリーズ後に自動回復用ファイルからデータを復旧するには

パソコンがフリーズしてExcelウィンドウのタイトルバーに「応答なし」と表示された場合、自動保存されたファイルがあれば、次の手順でデータを復旧できます。

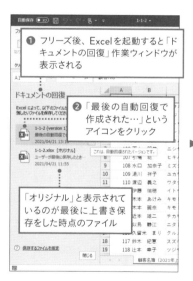

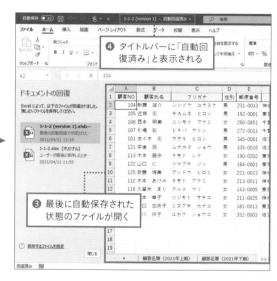

自動回復された内容を残すには、［ファイル］タブで［名前を付けて保存］をクリックし、このファイルを保存します。復旧された情報が少なく、保存の必要がない場合は、画面右上の「閉じる（×）」をクリックしてファイルを閉じます。

Column

頻繁な「上書き保存」に勝るものなし

自動回復用のファイルは、一定の時間が経過するごとに（初期設定では10分間隔）作成されます。そのため、最後の自動保存からフリーズするまでの間の操作は復元できません。自動保存に頼り過ぎず、まずは「上書き保存」を頻繁に行うことを心がけましょう。

Column

自動保存されたファイルを確認する

[ファイル］タブの❶[情報］を選ぶと、❷
[ブックの管理］欄に「自動回復」と表示されたファイルのリンクが保存日時と一緒に表示されます。これがこのファイルの自動回復用データで、リンクをクリックすれば中身を画面に表示できます。なお、ファイルが正常に保存され未保存の変更がなくなれば、自動回復データは破棄され、リンクもなくなります。

03 保存せずに閉じたファイルを救いたい

—— **1.1** データが消えた！をやらないために ——

ワザレベル3
☺ ☺ ☺

自動回復用データからできる限りファイルを復旧する

［上書き保存］や［名前を付けて保存］の操作をせずに、うっかりファイルを閉じてしまって真っ青になった経験はありませんか。こんなときはあきらめずに、自動回復用ファイルから中身を復旧できるかどうかを試してみましょう。

復旧の仕方は、「上書き保存」を忘れた場合と、まだ一度も保存していないファイルを閉じた場合とで異なります。

［上書き保存］をせずに終了したファイルを復旧する

Excel画面を閉じる際、保存されていない変更内容があれば、保存するかどうかを尋ねるメッセージが表示されます。ここでうっかり「保存しない」をクリックした場合の復旧方法です。

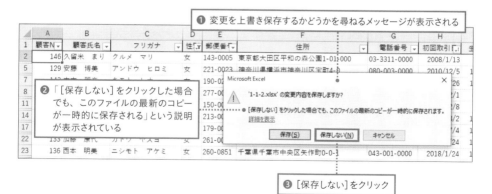

❶ 変更を上書き保存するかどうかを尋ねるメッセージが表示される

❷「［保存しない］をクリックした場合でも、このファイルの最新のコピーが一時的に保存される」という説明が表示されている

❸［保存しない］をクリック

編集した時間が短すぎて最初の自動保存が行われていない場合、❶のメッセージ画面に❷の説明が表示されません。この場合は、自動回復用ファイルがないため、ファイルを復旧できません。

▼

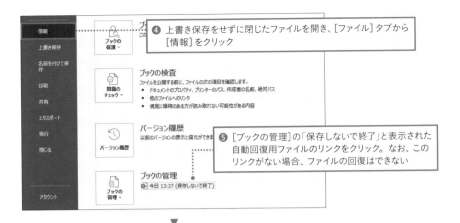

④ 上書き保存をせずに閉じたファイルを開き、[ファイル] タブから [情報] をクリック

⑤ [ブックの管理]の「保存しないで終了」と表示された自動回復用ファイルのリンクをクリック。なお、このリンクがない場合、ファイルの回復はできない

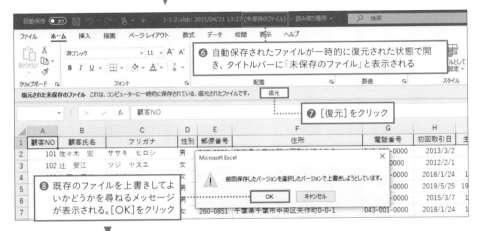

⑥ 自動保存されたファイルが一時的に復元された状態で開き、タイトルバーに「未保存のファイル」と表示される

⑦ [復元]をクリック

⑧ 既存のファイルを上書きしてよいかどうかを尋ねるメッセージが表示される。[OK]をクリック

⑨ これでタイトルバーから「未保存のファイル」という表示が消える。続けて[ファイル]タブから[名前を付けて保存]をクリックすれば、通常のファイルとして保存できる

一度も保存しないで閉じたファイルを復旧する

新規にファイルを作成して編集作業を行った後、[名前を付けて保存]を実行せずにExcel画面を閉じようとすると、P.015と同様に、変更内容を保存するかどうかを尋ねるメッセージが表示されます。ここで [保存しない] をクリックして画面を閉じてしまった場合の復旧方法を説明します。焦らずに対処しましょう。

新規にファイルを作成してから最初の自動保存が行われるまでの時間（初期設定では10分）が経過しないうちにファイルを閉じた場合は、自動保存が一度も行われないため、ファイルの復旧はできません。

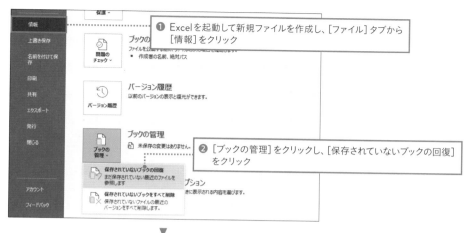

❶ Excel を起動して新規ファイルを作成し、[ファイル] タブから [情報] をクリック

❷ [ブックの管理] をクリックし、[保存されていないブックの回復] をクリック

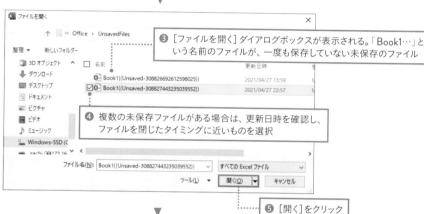

❸ [ファイルを開く] ダイアログボックスが表示される。「Book1…」という名前のファイルが、一度も保存していない未保存のファイル

❹ 複数の未保存ファイルがある場合は、更新日時を確認し、ファイルを閉じたタイミングに近いものを選択

❺ [開く]をクリック

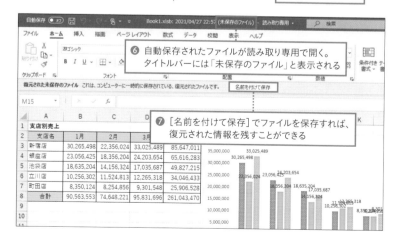

❻ 自動保存されたファイルが読み取り専用で開く。タイトルバーには「未保存のファイル」と表示される

❼ [名前を付けて保存]でファイルを保存すれば、復元された情報を残すことができる

数式とデータを
見分けられるか？

シートを編集しているときに、うっかり数式を削除してしまうトラブルは後を絶ちません。
特に、数字を変えて使いまわすタイプの表では要注意です。
ここは初心に帰って、数式とは何かを正しく理解しましょう。

▌ そもそも数式ってなんだろう

セルに入力する内容には、「データ」と「数式」の2種類があります。データとは「100」
や「東京」のような数値や文字列のことで、変更しても特に支障はありません。それに対
して、計算などをさせる指示文のことを「数式」といい、こちらは勝手に削除するとトラブ
ルになります。

Excelの「数式」には、次の2つの特徴があります。

- 先頭に「=」がついている
- 計算にセル番地が使われている

「1+2=3」のような日常の計算では、「=」を最後に書きますが、Excelでは、「=」を先
頭に入力し、続けて計算の内容を指定します。たとえば「=1+2」と入力して［Enter］
キーを押すと、セルには計算結果が「3」と表示されます。

なお、Excelの数式は、「+」や「-」などの算術記号を使った計算ばかりではありません。
P.019の図は、請求書のシートです。この中の黄色いセルには、あらかじめ数式が入力さ
れています。これを見ると、⛏ 「SUM」や「INT」といった関数の名前や「=D17」の
ように、セル番地だけが指定された内容もあります。このように先頭に「=」を付けて入力
した内容は、Excelではすべて「数式」と呼びます。

⛏ SUM関数は「合計する」、INT関数は「小数部分を切り捨てて整数にする」といった計算をそれぞ
れ行う関数です。関数についてはP.134を参照してください。

先頭に「=」がついたものはすべて数式 (図中の黄色いセル)

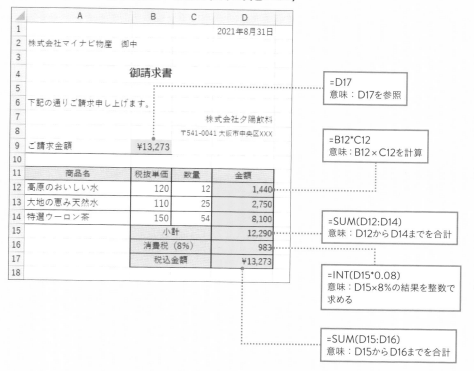

もう1つの特徴は、計算にセル番地が使われていることです。たとえば、D12セルの「=B12*C12」という掛け算の式では、B12セルの税抜単価やC12セルの数量が変更されると、金額もちゃんと更新されます。これは、単価や数量など数字そのものではなく、それが入力されたセル番地を数式内で使っているからです。

この仕組みがあるので、数式さえ正しく入力しておけば、数字を変更していくらでも使い回すことができるのがExcelの表の最大のメリットと言えるでしょう。数式をうっかり削除したり、内容を誤って書き変えてしまうと、ダメージが大きい理由はそこにあります。

セルの中身が数式かどうかを確認するには

ところが、紛らわしいことに、数式を入力すると、セルには計算の結果だけが表示されます。そのため、セルを一見しただけでは、その中身がデータなのか数式なのかを区別することができません。

セルの中身が数式かどうかを判断するには、セルを選んでシートの上の「数式バー」を見ましょう。

セルの中身が数式の場合は、半角の「=」で始まる式の内容が表示され、🔖 データの場合は、セルの内容がそのまま表示されます。これを知っておけば、データと間違えて数式を削除してしまうミスを防げます。

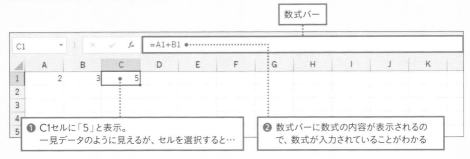

数式バー

❶ C1セルに「5」と表示。
一見データのように見えるが、セルを選択すると…

❷ 数式バーに数式の内容が表示されるので、数式が入力されていることがわかる

🔖 データがそのまま表示されないこともある

入力されているのがデータの場合でも、セルに表示形式が設定されていると、数式バーとセルでは表示が異なります。詳しくは「2.2 数値は見やすく分かりやすく」(P.049〜)「2.3 日付の表示に悩まない」(P.053〜)で紹介します。

Column

基本的な四則演算の入力ルール

ビジネスシーンで最も利用頻度が高い数式は、意外にも小学校で習う四則演算です。計算に使う記号は半角で入力しましょう。数式内のセル番地は、セルをクリックすれば自動で入力されます。

計算の順序も算数と同様で、「*」、「/」が「+」、「-」よりも先に計算されます。この順番を変更するには、先に計算したい部分をかっこ( )で囲みます。

記号	意味	入力例	(答えは、A1セルに「3」、B1セルに「2」、C1セルに「5」が入力されている場合)
+	足し算	=A1+B1 (答え:5)	
-	引き算	=A1-B1 (答え:1)	
*	掛け算	=A1*B1 (答え:6)	
/	割り算	=A1/B1 (答え:1.5)	
( )	かっこ内を先に計算する	=A1*(B1+C1) =3*(2+5) =3*7 (答え:21) ❶→❷の順に計算する	

数式を安全に修正する

ワザレベル1
☺ ☺ ☺

数式を消さず、安全に中身を確認したい

数式は消してしまうと大ごとですが、業務理解の点では、内容の確認が欠かせません。計算式で何をしているか、参照しているセルが何かを確認することで、その表の目的や役割を理解することにつながるからです。特に仕事を始めて間もない人は、積極的に数式の内容を把握して、必要なら臆せず変更しましょう。ここでは、数式を削除せずに、安全に内容を確認、修正できるワザを紹介します。

参照先のセルは色枠で確認する

計算結果のセルをダブルクリックすると、セル内に数式が表示され、さらに参照しているセル範囲が色枠で囲まれて表示されます。枠の色は、式のセル番地の色とペアになっているので、数式で指定されたセル位置を簡単に確認できます。

確認後は［ESC］キーを押して表示を元に戻しましょう。［ESC］キーには、やりかけた操作をキャンセルする機能があるので、確認中にうっかり不用意な操作をしてしまった場合でも、式を書き変えてしまう心配がありません。

❶ 数式の内容を確認したいセルを
　ダブルクリック

❷ 式がセル内に表示され、参照している
　セル範囲が色枠で囲まれる

❸ 確認が完了したら［ESC］キーを押す

数式は数式バーで編集する

内容に誤りがあるなど、数式を修正したい場合の編集作業は、数式バーで行いましょう。数式バーなら、広い領域でストレスなく入力などの操作ができます。数式バーで編集を行うには、数式のセル内をダブルクリックして、内容を色枠で確認できる状態にしてから、中身を書き変えます。

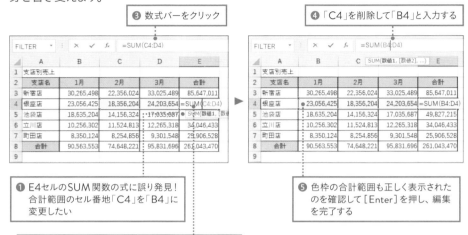

❸ 数式バーをクリック

❹ 「C4」を削除して「B4」と入力する

❶ E4セルのSUM関数の式に誤り発見！合計範囲のセル番地「C4」を「B4」に変更したい

❺ 色枠の合計範囲も正しく表示されたのを確認して [Enter] を押し、編集を完了する

❷ E4セルをダブルクリックすると、合計範囲の色枠にB4セルが含まれていないことがわかる

Column

色枠のドラッグでもセル範囲は変更できる

セル範囲の色枠は、四隅の角をドラッグすれば、数式で参照されているセル範囲を拡大・縮小できます。また角以外の枠線部分にマウスを合わせてドラッグすると、セル範囲そのものを移動できます。この方法だと、対象のセルを確認しながら移動できるため、セル番地を間違えずに手軽に修正できます。ただし、画面の状態によっては、ドラッグ操作がしづらいこともあります。

角の部分にマウスを合わせてドラッグすると、セル範囲を変更できる

大事な数式を
消されないよう守りたい

ワザレベル3
☺ ☺ ☺

▌ 数式が入力されたセルを変更できないように保護したい

多くの人が利用するシートや、絶対に数式を変更されたくない重要なシートには、前もって数式のセルを編集できないように設定しておくと安心です。

Excelには特定のセルの内容を変更されないように保護する機能があります。これは、「セルのロック」、「シートの保護」という2種類の機能を組み合わせて設定します。少し複雑なので、まずはその仕組みを理解しましょう。

①セルのロック	セルを編集できない状態にするかどうかを決める項目。セルごとに設定する。チェックを入れて「オン」にすれば、そのセルにはロックがかかり、編集できなくなる。初期設定では、すべてのセルのロックがオンになっている
②シートの保護	「セルのロック」を有効にするかどうかを決める項目。シート全体に対して設定する。初期設定では無効になっている

まず、セルごとに①「セルのロック」のオン・オフを個別に設定します。次に②「シートの保護」を有効にすると、①でロックがオンに設定されたセルは編集できなくなります。

ここでは、P.019で紹介した請求書のシートを使って、数式が入力されたセルを編集できないように設定しましょう。具体的な設定内容は、下の図のようになります。

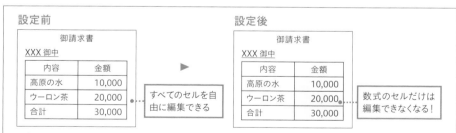

Excelの初期設定では、すべてのセルのロックがオンになっていますが、シートの保護が無効になっているため、実際にはロックはかかっていません。そのため、「請求書」シートの

第1章　日々の業務がもっと捗る 暗黙のキホンのキ

すべてのセルは、自由に編集できる状態になっています。

図の「設定後」のように、一部のセル編集をロックする状態にするには、いったんすべてのセルのロックをオフにしてから、数式が入力されたセルだけを選びなおして再度ロックをオンに戻す必要があるのです。その後、シートの保護を有効にすれば、数式が入力されたセルだけが編集不可に変わります。

セルのロックのオン・オフを変更する

まず、シートのすべてのセルのロックをオフに変更しましょう。次に、数式が入力されたセル（黄色の塗りつぶしが設定されたセル）を再度選択して、ロックの設定をオンに戻します。

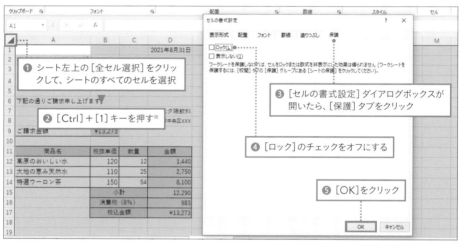

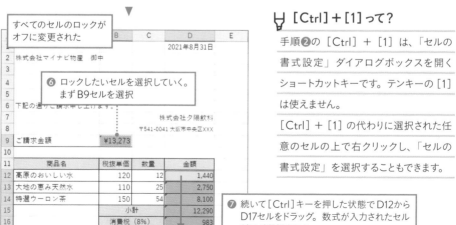

✍ ［Ctrl］＋［1］って？

手順❷の［Ctrl］＋［1］は、「セルの書式設定」ダイアログボックスを開くショートカットキーです。テンキーの［1］は使えません。

［Ctrl］＋［1］の代わりに選択された任意のセルの上で右クリックし、「セルの書式設定」を選択することもできます。

⑧ ❷の操作で、再度[セルの書式設定]ダイアログボックスを表示し、[保護]タブをクリックして[ロック]にチェックを入れる

⑨[OK]をクリックする

シートの保護を有効にする

これで数式のセルにだけ編集不可のロックがかかりました。しかし、この時点ではまだ「シートの保護」が無効であるため、ロック機能は働いていません。「シートの保護」を有効にすることで、ロックの設定が機能して数式のセルを編集できない状態になります。

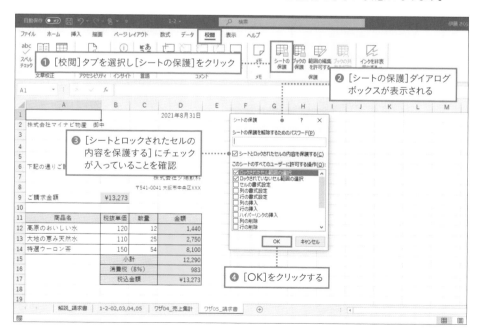

❶ [校閲]タブを選択し[シートの保護]をクリック

❷ [シートの保護]ダイアログボックスが表示される

❸ [シートとロックされたセルの内容を保護する]にチェックが入っていることを確認

❹ [OK]をクリックする

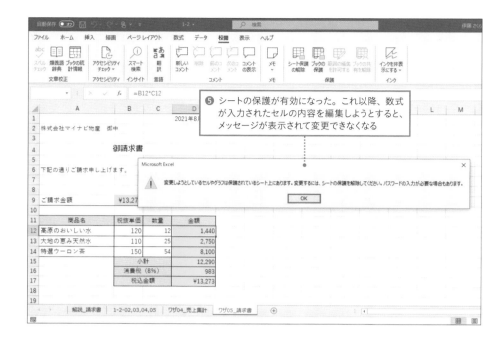

⑤ シートの保護が有効になった。これ以降、数式が入力されたセルの内容を編集しようとすると、メッセージが表示されて変更できなくなる

Column

シートの保護を解除する

ロックしたセルを再び編集できる状態にするには、[校閲] タブの [シート保護の解除] をクリックしてシートの保護を無効に戻します。また [シートの保護] ダイアログボックスで、[シートの保護を解除するためのパスワード] 欄にパスワードを入力すれば、そのパスワードを知っている人だけがシートの保護を解除できるようになり、さらに安全です。

—— 解説 ——

ファイル名は
「探しやすく」「わかりやすく」が基本

ファイル名を適当に付けると、後で探しづらい思いをして困ることになりがちです。
仕事の効率向上につながるようなファイル名の付け方をマスターしましょう。

＼ ファイル名の付け方ひとつで
探すスピードが全然違う！／

Bad
😞

- 📄 210309_B社契約書（ver3）
- 📊 A社見積_210210(ver1)
- 📝 B社契約書_ver1
- 📝 契約書(B社)202103
- 📊 見積A社(田中作成)
- 📊 見積A社_(ver1)_kimoto改
- 📄 見積A社_ver3

ルールを決めず、適当な名前でファイルを保存してきた例。雑然として探しづらく、ファイル同士の違いや関連もわかりづらい

▶

Good!
😊

ファイル名の要素とその順番を統一

- 📝 20201116_契約書_B社_ver1
- 📊 20210210_見積_A社_ver1
- 📝 20210309_契約書_B社_ver2
- 📄 20210309_契約書_B社_ver3
- 📊 20210421_見積_A社_ver1_tanaka
- 📊 20210422_見積_A社_ver1_tanaka_kimoto
- 📄 20210423_見積_A社_ver3

ファイルが日付順に並び、書類の種類や会社名でも探しやすくなった！

▌ファイル名の「命名規則」を決めておこう

Excelに限らず、仕事で使うファイルは数が増えていくものです。目的のファイルがすぐに見つかるよう、保存時に付けるファイルの名前は、あらかじめルールを決めておきましょう。ファイル名を決めるときのポイントは、次の2点です。

- ■ 探しやすい　　：並べ替えたとき、一定のルールでファイルが並ぶようにする
- ■ わかりやすい　：ファイルの中身がある程度わかる情報を含めておく

前ページの左の例（Bad）では、「契約」、「見積」といった書類の種類、取引先の会社名、担当者名など、ファイル名の要素がバラバラです。これでは、ファイルを開いてみないと内容の違いが分かりませんね。一方、右の例（Good）のように、ファイルを探すときに手がかりとする項目が不足なく入っていると、ファイル名を見ただけで中身の見当がつきます。

また、情報の順番も統一しましょう。ファイルを探すときに一番よく使う項目を先頭にすると、その項目でファイルを並べ替えられます。この例では、「日付」を先頭にしたので、ファイルは日付順に並びます。続けて「文書の種類」「取引先名」「バージョン」「編集したスタッフの名前」のように属性を半角のアンダーバー「_」で区切って入力しています。

このように、ご自身の業務に合わせて、使いやすい命名規則を考えてみてください。

名前を変更せずファイルを
見たい順に並べる

ワザレベル2
☺ ☺ ☺

「既存のファイル名」の先頭に連番を追加する

仕事の場では、P.027で紹介したような規則性のあるファイル名を付けられないこともあります。また、すでに雑多な名前のファイルがあふれていると、いちいち変更するのは大変な労力になりますね。

現在のファイル名を残したまま、自分が探しやすい順にファイルを並べるには、既存のファイル名の先頭に連続番号を追加するとよいでしょう。この番号は、自分が並べたい順番になるようそれぞれのファイルに割り振ってください。

変更前		変更後
A社見積	▶	01_A社見積

これなら、元のファイル名はアンダーバーの後ろにそのまま残ります。なお、「1」「2」ではなく「01」「02」と2桁にするのは、10個以上のファイルがある場合に番号部分の桁を揃えるとファイルが整然と並び、見やすくなるためです。名前の変更後に、ファイル名を基準にして並べ替えを実行すれば、先頭の番号順にファイルが並びます。

ファイル名の先頭に番号を追加する

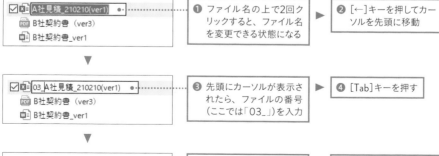

❶ ファイル名の上で2回クリックすると、ファイル名を変更できる状態になる

❷ [←]キーを押してカーソルを先頭に移動

❸ 先頭にカーソルが表示されたら、ファイルの番号（ここでは「03_」）を入力

❹ [Tab]キーを押す

❺ ファイル名の変更が確定し、次のファイルのファイル名が変更できる状態になる

❻ ❷〜❹を繰り返して、すべてのファイルの先頭に2桁の連続番号を追加する

ファイルを並べ替える

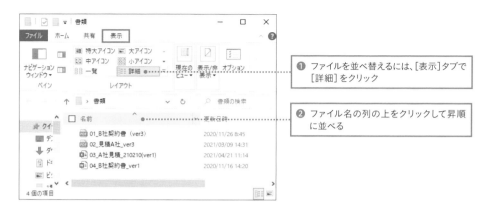

❶ ファイルを並べ替えるには、[表示]タブで[詳細]をクリック

❷ ファイル名の列の上をクリックして昇順に並べる

手順❷で「∧」と表示されていたら昇順、「∨」なら降順にファイルが並んでいる

Column

「10」「20」…と間を空ければ「順番の割り込み」にも対応

よく先頭の番号を「10」「20」「30」のように10番刻みにしている人を見かけます。このように番号の間隔を空けておけば、後からファイルが増えた場合に、好きな位置に割り込ませて並べることができます。たとえば、「11」という番号を追加したファイルは、並べ替えを行うと「10」と「20」の間に表示されるので、「10」、「11」、「20」という順番になります。

先頭の番号は並び順を指定するために付けるので、連続した番号でなくてもかまいません。ファイルが追加されることを見越して間隔を空けるなど、業務に合わせて工夫しましょう。

暗黙のワザ
07

—— 1.3 後のことを考えたファイル保存を ——

上司に見せたいシートは
「先頭」に置く

ワザレベル1
☺ ☺ ☺

シートは「見せたい順」に並べよう！

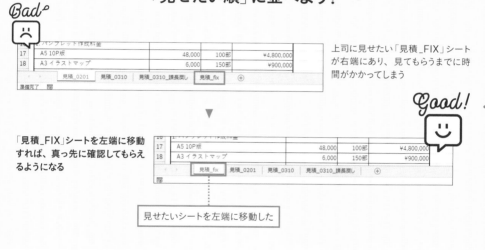

上司に見せたい「見積_FIX」シートが右端にあり、見てもらうまでに時間がかかってしまう

「見積_FIX」シートを左端に移動すれば、真っ先に確認してもらえるようになる

見せたいシートを左端に移動した

シートは「重要な順」に並べておく

シートは重要なものから順に、左から右へ並べると探しやすくなります。ここでいう「重要」とは、上司や客先に提出するファイルなら、優先的に見てほしいシートを意味します。なお、自分一人で使うファイルの場合は、使用頻度が高いシートほど重要度も高くなるのが一般的です。

時短を考えるなら、シートの並び順は大切です。重要な順に並んでいない場合は、次のページで紹介する手順でシートの順序を変更しましょう。

第1章 日々の業務がもっと捗る 暗黙のキホンのキ

ドラッグ操作で順番を変更する

❶ 先頭に移動したいシートのシート見出しにマウスポインターを合わせて、左端までドラッグ

▼

❷ ドラッグ中は紙のアイコンが表示される

❸ シートの移動先を示す▼が先頭に移動したら、ドラッグを終了

ドラッグしづらい場合は、「移動またはコピー」を使う

シートの枚数が多くて、先頭までドラッグするのが難しい場合には「移動またはコピー」を使いましょう。

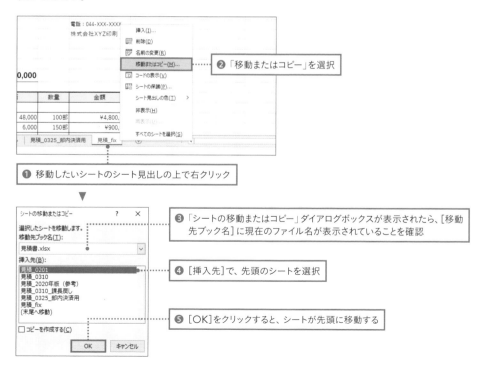

❷ 「移動またはコピー」を選択

❶ 移動したいシートのシート見出しの上で右クリック

▼

❸ 「シートの移動またはコピー」ダイアログボックスが表示されたら、[移動先ブック名]に現在のファイル名が表示されていることを確認

❹ [挿入先]で、先頭のシートを選択

❺ [OK]をクリックすると、シートが先頭に移動する

Column

シート見出しに色を付けて分類する

❶シート見出しの上で右クリックし、❷「シート見出しの色」にマウスポインターを合わせて、❸一覧から色をクリックすると、❹シート見出しに色が設定されます。

色別にシートを分類したり、特定のシートを目立たせたい場合に便利です。

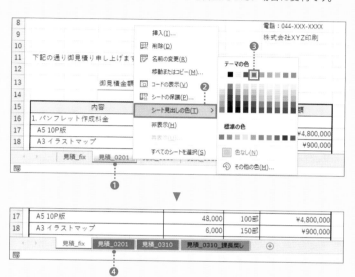

暗黙のワザ

08

—— 1.3 後のことを考えたファイル保存を ——

シートが行方不明に なっても慌てない

ワザレベル2

☺ ☺ ☺

■ シートが見つからないときに見直したい2つの原因

「大事なシートが見当たらない！」真っ青になって探しまわった経験は多くの人にあるはず。シートを削除してしまったのであれば作り直すしかありませんが、削除した覚えがなければ、次の2点を調べてみましょう。

- ■ シート見出しが隠れて見えなくなっている
- ■ シートそのものが非表示になっている

右側に隠れたシート見出しを表示する

シート見出しが並ぶ領域は、右半分を水平スクロールバーが占めています。そのため、右の方にあるシート見出しがスクロールバーの背後に隠れてしまう場合があるのです。シート数が多いファイルで目的のシートが見当たらない場合は、水平スクロールバーの幅を狭くすると、隠れているシートが表示され、目的のシートが見つかる場合があります。

❶ スクロールバーの左端にマウスポインターを合わせる。ポインターの形が変わったら、右へドラッグ

❷ スクロールバーの領域が狭くなり、隠れていたシートが表示された

「非表示」になったシートを再び表示する

Excelには、シートそのものを見えない状態にする「非表示」という機能があります。この機能は、表立って見せる必要のない作業用のシートなどを隠しておくために利用されます。人から渡されたファイルにあるはずのシートが見つからない場合は、「非表示」に設定されたシートの中を探してみましょう。

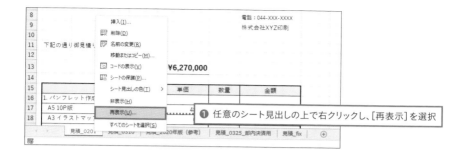

❶ 任意のシート見出しの上で右クリックし、[再表示]を選択

「再表示」は、非表示に設定されたシートがある場合にだけ表示されるメニューです。グレーアウトされていて選択できなければ、ファイル内に非表示のシートは存在しません。

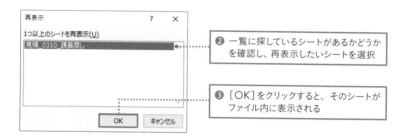

❷ 一覧に探しているシートがあるかどうかを確認し、再表示したいシートを選択

❸ [OK]をクリックすると、そのシートがファイル内に表示される

Column

ショートカットキーでシートを順番に表示する

[Ctrl] キーを押しながら [PageDown] キーを押すと、1つ右のシートが表示されます。これを繰り返すことで、シートを左から右へ1枚ずつ切り替えながら内容を確認できます。[Ctrl] + [PageUp] キーでは、反対に1つ左のシートが表示されます。シートの枚数が多いファイルで、中身を見ながらシートを探す際に便利なワザです。

キーボードの種類によっては、[PageDown] キーや [PageUp] キーを押すときに [Fn] キーを同時に押す必要があります。

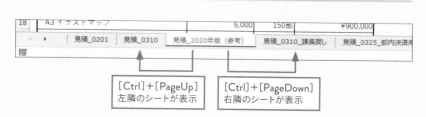

[Ctrl]+[PageUp]
左隣のシートが表示

[Ctrl]+[PageDown]
右隣のシートが表示

暗黙のワザ 09

── 1.3 後のことを考えたファイル保存を ──

ファイルを開いたときに 表の先頭を見せたい

ワザレベル1
☺ ☺ ☺

表の途中がいきなり表示されると カッコ悪い！

Bad

Good!

ファイルを開いたときに、表の途中が表示されると、作業途中のファイルをそのまま渡されたようで締まりのない印象を与えてしまう…

シートの先頭部分がピシッと表示された！

開いたときにシートの先頭部分が表示されると、折り目正しい印象になる。人に渡すファイルならこちらがおすすめ

A1セルを選択してから保存する癖を付ける

Excelでは、ファイルを開くと、直前に保存したセルが見える状態でシートが表示されます。そのため、途中のセルが選択された状態で上書き保存をすると、ファイルを開いたときに、シートの中途半端な箇所が表示されてしまうのです。編集作業中のファイルなら、すぐに作業を再開できて便利ですが、上司や客先に提出するファイルでは、少しだらしない印象を与えてしまうかもしれません。

そこで、編集中のファイルは、上書き保存の前に［Ctrl］キーを押しながら ［Home］キーを押す癖をつけましょう。［Ctrl］＋［Home］は、アクティブセルがA1に移動するショートカットキーです。これで、次にそのファイルを開いたときに、表の先頭部分が表示されるようになります。

キーボードの種類によっては、［Home］キーを押すときに［Fn］キーを同時に押す必要があります。

謎の英語が表示されても慌てない

セルに「#NAME?」といった英数字や記号が表示された経験はありませんか。
これは「エラー値」といって、計算や操作が正しくできないことを表すメッセージです。
エラー値の種類別に、原因や対処を知っておくと安心です。

主なエラー値の内容を知っておこう

Excelのシートで見かけるエラー値には、表のような種類があります。表示される原因や対処方法はエラー値によって異なるため、表示されたエラー値を確認すれば、トラブル解決の手がかりを得られます。

エラー値	意味・表示された原因	対処方法
#DIV/0	0や空欄のセルで割り算が行われたときに表示される	割り算の式の参照先セルを確認する
#N/A	主にVLOOKUP関数で次の場合に表示される①「検索値」の値が空欄になっている②「検索値」に指定したコード番号が「範囲」の表に存在しない	①「検索値」のセルにコード番号を入力する②「検索値」のコード番号を「範囲」の表に追加する。コード番号の列が「範囲」の表の左端かどうかを確認する
#NAME?	入力された関数名に誤りがあると表示される。これは関数式の入力内容に誤字脱字があることが原因だ	関数名のスペルミスや、文字列の引数を囲む「"」が抜けていないかなどを確認する
#NULL!	半角スペースの参照演算子（論理積演算子）で指定したセル範囲に共通部分がない場合に表示される	論理積演算子の内容を見直す
#NUM!	数式の計算結果がExcelでは処理しきれないほど大きい（小さい）数値になる場合に表示される	数式の内容を見直す。関数では、引数に指定する数値の大きさが妥当かどうかや指定方法が正しいかどうかを確認する
#REF!	数式で無効なセルが参照されているときに表示される。参照先のセルが削除されて存在しない場合に多い	数式で参照しているセル番地を確認し、修正する
#VALUE!	入力した数式や、参照先のセルに問題がある場合に表示される	数値を指定する引数に文字列を指定したなどの誤りがないかどうかを見直す

第1章 日々の業務がもっと捗る 暗黙のキホンのキ

Column

セルに「####」と表示されたら

セルの幅が足りないため数値が完全に表示できない場合、❶セルには「#」が繰り返し表示されます。❷「#」が表示された列の列番号（この例ではF列）の右の境界線にマウスポインターを合わせてダブルクリックすれば、❸列幅が広がって数値が正しく表示されます。

Column

セルに表示される緑の三角とは?

セルの左上に現れる緑の三角マークは「エラーインジケーター」といって、Excelが「数式の指定内容などにミスがあるのではないか」と判断した場合に、自動的に表示されます。
見当違いの指摘もありますが、操作ミスの発見に役立つため、表示されたら次の手順で確認してみるとよいでしょう。❶エラーインジケーターが追加されたセル（E4）を選択し、❷「！」マークにマウスポインターを合わせると、❸問題があると判断された内容が表示されます。

表の見せ方にもルールがあった！

伝わる表を作る
暗黙のルール

言いたいことが伝わる表は、
見た目もすっきりスマートです。
見やすい表に仕上げるために知っておきたい
暗黙のテクニックを集めました。

███ 解説 ███

見出しの縦・横は
こうして決める

表の項目見出しは、左端の列に縦方向に入力するか、一番上の行に横方向に入力します。
表全体が見やすくコンパクトに収まるように見出しの配置を決めましょう。

同じ内容のクロス集計表。
見やすいのはどっち？

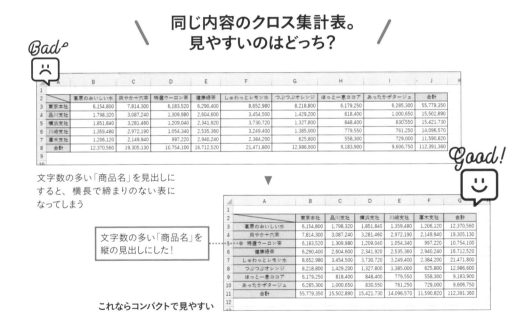

文字数の多い「商品名」を見出しに
すると、横長で締まりのない表に
なってしまう

文字数の多い「商品名」を
縦の見出しにした！

これならコンパクトで見やすい

表は「縦長」が見やすく、扱いやすい

前ページの2つの表は、同じ内容の集計表です。どちらも「商品名」と「支社名」を見出しにしていますが、上の例は「『商品名』を横、『支社名』を縦」の見出しに配置した表で、下の例は、その反対に「『支社名』を横、『商品名』を縦」に配置しています。

これを見ると、下の表の方がコンパクトで見やすいことがわかりますね。その理由は、「商品名」と「支社名」の内容を比べた場合、「商品名」の方が長い言葉が多く、項目数も多いからです。このように、文字数の多い項目や数の多い項目は、縦方向の見出しに配置した方が、表全体の幅をとらずにすみます。

縦長が好まれる理由はほかにもあります。数字は横に並んだものを確認するより、縦1列に入力された状態の方が、桁の違いが一目でわかり、大小比較がしやすくなるのです。また、Excelの印刷設定では、用紙の向きが「縦置き」に指定されているので、縦長の表ならそのまま印刷できるメリットもあります。

以上のことから、表を作るとき、見出しはできるだけ「縦」に優先的に配置しましょう。縦と横の両方に見出しを置くクロス集計表の場合は、項目数が多いか、また項目に長い言葉が含まれる方を縦の見出しに配置するのがベターです。

見出しの縦と横を間違えて表を作ってしまっても、あとから縦横の見出しを入れ替えられるので作り直す必要はありません（P.158参照）。

Column

日付関係の見出しは「横」が主流

項目見出しの中でも、年、四半期、月など日付に関する項目は、レイアウトに関係なく横方向の見出しにする場合が多いようです。これは、時間の流れを表すためだと考えられます。折れ線グラフの横軸などでもわかるように、時系列の項目は、左から右へと並べて時間の経過を表します。そのため、日付や時間が軸になる見出しは、横方向に読むのが自然なのでしょう。もちろん例外もありますが、日付関連の見出しは「横」優先でかまいません。

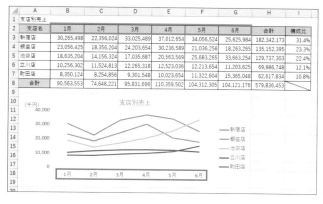

年や月など時系列の見出しは横方向の見出しに配置することが多い。これは折れ線グラフの横軸を見るのと同じように考えよう

暗黙のワザ

10

列の幅は
最小限に抑えよう

ワザレベル1

😊 😐 🙂

列幅は「自動調整」でできるだけコンパクトに

列が多い表は幅をとるため、右へスクロールする操作が増えて入力や編集に手間がかかります。また、印刷時にも無駄に用紙を使うことになりがちです。作業の効率を考えて、個々の列幅をできるだけ狭くして横幅を節約するよう心がけましょう。

列番号の右境界にマウスポインターを合わせてダブルクリックすれば、その列の中で最も長いデータが無理なく収まる幅に列幅を変更できます。この機能を「列幅の自動調整」と言います。

複数の列をまとめて自動調整する

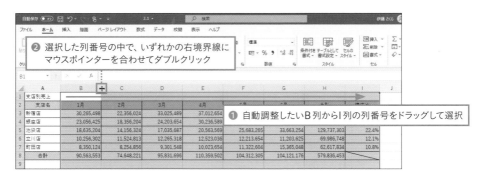

❷ 選択した列番号の中で、いずれかの右境界線に
マウスポインターを合わせてダブルクリック

❶ 自動調整したいB列からI列の列番号をドラッグして選択

▼

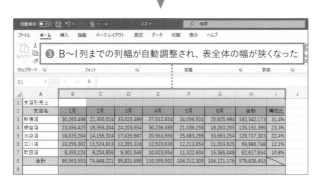

❸ B〜I列までの列幅が自動調整され、表全体の幅が狭くなった

長い見出しを
セルの途中で改行したい

ワザレベル2
☺ ☺ ☺

長い項目見出しはムダに幅をとる

列幅を自動調整しても、項目見出しなど列内のセルに極端に長い言葉が入力されていると幅を狭くすることはできません。こんな場合は、セルに入力された長い見出しを適当な箇所で改行し、その後列幅を再び自動調整しましょう。セル内の文字列は、[Alt]キーを押しながら[Enter]キーを押すと改行できます。

長い文字列をセル内で改行する

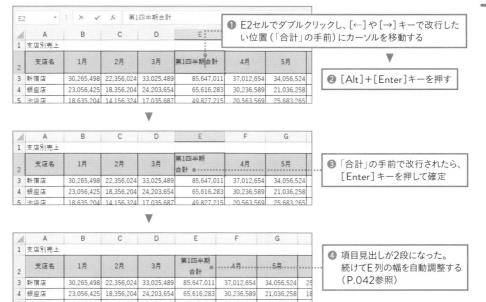

❶ E2セルでダブルクリックし、[←]や[→]キーで改行したい位置（「合計」の手前）にカーソルを移動する

❷ [Alt]+[Enter]キーを押す

❸「合計」の手前で改行されたら、[Enter]キーを押して確定

❹ 項目見出しが2段になった。続けてE列の幅を自動調整する（P.042参照）

暗黙のワザ
12

行・列見出しが
隠れてしまうのを防ぐには

ワザレベル2
☺ ☺ ☺

スクロールすると
項目見出しが消えてしまう！

	A	B	C	D	E	F	G	H	I	J	K
1	顧客NO	顧客氏名	フリガナ	性別	郵便番号	住所	電話番号	初回取引日	生年月日	年齢	メルマガ
2	101	久留米 まり	クルメ マリ	女	143-0005	東京都大田区平和の森公園1-01-000	03-3311-0000	2008/1/13	1988/6/6	32	○
3	102	鈴木 紀恵	スズキ ノリエ	女	145-0076	東京都大田区田園調布南1-0-0	2010/2/7	1991/8/9	29	
4	103	辻本 幸子	ツジモト サチコ	女	211-0025	神奈川県川崎市中原区木月0-3-0	044-008-0000	2014/7/25	1997/9/20	23	○
5	104	宇野 春樹	ウノ ハルキ	男	165-0031	東京都中野区上鷺宮3-3-0001	03-0053-0000	2018/5/23	1951/10/7	69	
6	105	藤原 裕子	フジワラ ユウコ	女	179-0074	東京都練馬区春日町1-2-3-0	03-0078-0000	2016/7/4	1964/9/21	56	
7	106	宗像 翔	ムナカタ ショウ	男	335-0016	埼玉県戸田市下前111-00	048-009-0000	2019/8/2	1974/5/24	46	○
8	107	山口 仁	ヤマグチ ジン	男	184-0001	東京都小金井市関野町0-0-1	0422-03-0000	2019/5/20	1980/3/5	41	○
9	108	鷲尾 千恵子	ワシオ チエコ	女	150-0001	東京都渋谷区神宮前0-0-0	03-0077-0000	2013/12/8	1982/2/9	39	

Bad☹

▼

	A	B	C	D	E	F	G	H	I	J	K
10	109	江本 玲子	エモト レイコ	女	242-0021	神奈川県大和市中央222-00	046-009-0000	2019/11/7	1995/11/29	25	
11	110	安藤 博美	アンドウ ヒロミ	女	221-0023	神奈川県横浜市神奈川区宝町4-0	080-003-0000	2010/12/5	1985/12/1	35	○
12	111	草野 みどり	クサノ ミドリ	女	215-0005	神奈川県川崎市麻生区千代ケ丘0-1	090-100-0000	2017/11/24	1998/5/7	23	
13	112	佐々木 宏	ササキ ヒロシ	男	345-0001	埼玉県北葛飾郡杉戸町木津内9-0	048-001-0000	2013/3/2	1972/8/4	48	○
14	113	辻 安江	ツジ ヤスエ	女	277-0021	千葉県柏市中央町4-3-2-0	04-009-0000	2012/2/1	1958/9/3	62	
15	114	加藤 康代	カトウ ヤスヨ	女	261-0022	千葉県千葉市美浜区美浜0-0	080-006-0000	2018/1/24	1984/10/7	36	
16	115	新藤 雄介	シンドウ ユウスケ	男	231-0013	神奈川県横浜市中区住吉町9-4-0	045-007-0000	2019/5/25	1954/11/30	66	○
17	116	沼悚 宏	タカムネ ヒロシ	男	192-0001	東京都八王子市戸吹町0-0	090-050-0000	2015/3/7	1963/2/14	58	○
18	117	西本 明美	ニシモト アケミ	女	260-0851	千葉県千葉市中央区矢作町0-0-1	043-001-0000	2018/1/24	1966/6/17	54	○

画面を下にスクロールすると、1行目の項目見出しが見えなくなってしまう。
見出しが見えないと列の内容が分からずとても不便

■「ウィンドウ枠の固定」で見出しを画面に固定する

画面に収まりきらない大きな表は、スクロールを行いながら編集します。ところが、下や右
にスクロールしていくと、先頭行や先頭列に入力された項目見出しは見えなくなってしまい
ます。そこで、データベース（P.097参照）のように行数・列数が多い表では、項目見出し
が常に表示されるよう固定しておきましょう。この機能を「ウィンドウ枠の固定」といいます。

3種類の「ウィンドウ枠の固定」を使い分ける

「ウィンドウ枠の固定」には、見出しの位置によって次の3通りの指定方法があります。
なお、いずれの場合も、[表示] タブの [ウィンドウ枠の固定] から [ウィンドウ枠固定の解除] をクリックすれば、設定を解除できます。

● 見出しが先頭行 (シートの1行目) にある場合

表を下にスクロールしても
1行目の見出しが常に表示
されるようにするには、
[表示] タブの [ウィンドウ
枠の固定] → [先頭行の
固定] を選択します。

● 見出しが先頭列 (シートのA列) にある場合

表を右にスクロールしても、
A列の見出しが常に表示
されるようにするには、
[表示] タブの [ウィンドウ
枠の固定] → [先頭列の
固定] を選択します。

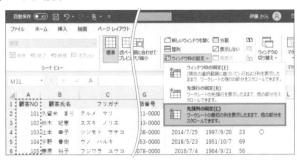

● 見出しが行と列の両方にある場合

表を右と下の2方向にスク
ロールする場合に、行と列
の両方の見出しがどちらも
表示されたままにするには、
このように操作します。
固定したい見出しが1行目、
A列以外のセルに入力さ
れている場合も同様です。

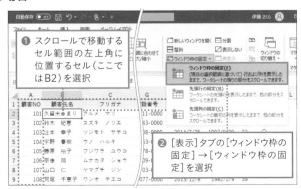

行や列を折りたたんで表をコンパクトに表示する

ワザレベル2

☺ ☺ ☺

明細などの不要な部分を隠して必要な合計だけを表示したい！

Bad 😞

この部分は見せる必要がない。合計の列だけを表示したい

不要な情報が多く表示されているため、肝心の情報が目立たずわかりにくい

▼

Good! 🙂

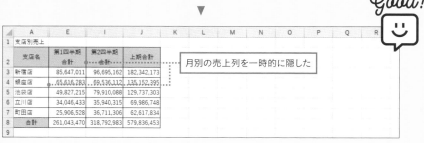

月別の売上列を一時的に隠した

必要な情報のみを表示したことで報告もしやすくなった！

不要な行や列を「非表示」にして隠してしまう

会議資料などで全体的な傾向をすばやく見せるには、明細部分の行や列を一時的に折りたたんで、集計値だけが表示された表にしましょう。それには、明細の行や列を「非表示」に設定します。

行や列を「非表示」に設定する

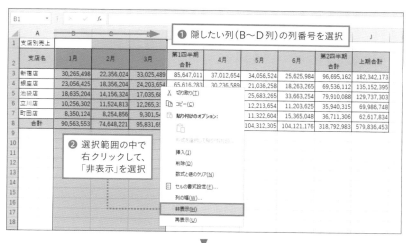

❶ 隠したい列（B〜D列）の列番号を選択

❷ 選択範囲の中で
右クリックして、
「非表示」を選択

❸ B〜D列が非表示に設定された。列番号B〜Dが
表示されなくなり、境界線が二重線に変わる

❹ F〜H列も同様の操作で非表示にする

非表示にした行や列を再表示する

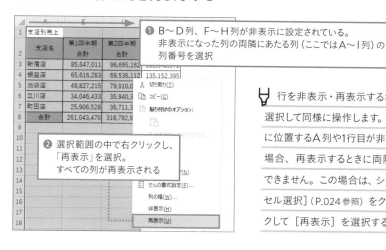

❶ B〜D列、F〜H列が非表示に設定されている。
非表示になった列の両隣にあたる列（ここではA〜I列）の
列番号を選択

❷ 選択範囲の中で右クリックし、
「再表示」を選択。
すべての列が再表示される

行を非表示・再表示する場合は、行番号を
選択して同様に操作します。なお、シートの端
に位置するA列や1行目が非表示に設定された
場合、再表示するときに両隣の行や列を選択
できません。この場合は、シート左上角の［全
セル選択］（P.024参照）をクリックし、右クリッ
クして［再表示］を選択するとよいでしょう。

非表示・再表示を切り替えるボタンがあると親切

「非表示」や「再表示」の操作を知らない人もいます。そこで、会議資料などで配布する
ファイルでデータを非表示にするときには、「グループ化」ボタンをシートに設置しておきま
しょう。これなら誰でもボタンをクリックするだけで、行や列の非表示、再表示ができるよ
うになります。

❶ 非表示にしたいB～D列を選択

❷ [データ]タブをクリックして[グループ化]
を選択

❸ 列番号の上に直線と「-」ボタンが追加
される

❹ 「-」ボタンをクリックすると、
B～D列が非表示になる

❺ B～D列が非表示になると、ボタンは「+」に変わる。
列を再表示するには、この「+」ボタンをクリックすればいい

行をグループ化する

行をグループ化する場合、非表示にしたい行の
行番号を選択して同様に操作すると、行番号の
左側に直線と「-」ボタンが表示されます。

グループ化の解除

「グループ化」を削除してシートを元の状態に戻
すには、[データ]タブの[グループ解除]の▼
から[アウトラインのクリア]をクリックします。

桁区切りのカンマや パーセントを追加する

ワザレベル1
☺ ☺ ☺

入力や計算が終わった表、 そのまま提出するのはちょっと待って!

Bad°

	A	B	C	D	E	F
1	引売上					
2	支店名	1月	2月	3月	合計	構成比
3	新宿店	30265498	22356024	33025489	85647011	0.328094823
4	銀座店	23056425	18356204	24203654	65616283	0.251361518
5	池袋店	18635204	14156324	17035687	49827215	0.190877079
6	立川店	10256302	11524813	12265318	34046433	0.130424381
7	町田店	8350124	8254856	9301548	25906528	0.099242199
8	合計	90563553	74648221	95831696	261043470	1
9						

入力値や計算結果がそのまま表示された表では、数値が読み取りづらい

数値にカンマを追加

Good!

	A	B	C	D	E	F
1	支店別売上					
2	支店名	1月	2月	3月	合計	構成比
3	新宿店	30,265,498	22,356,024	33,025,489	85,647,011	33%
4	銀座店	23,056,425	18,356,204	24,203,654	65,616,283	25%
5	池袋店	18,635,204	14,156,324	17,035,687	49,827,215	19%
6	立川店	10,256,302	11,524,813	12,265,318	34,046,433	13%
7	町田店	8,350,124	8,254,856	9,301,548	25,906,528	10%
8	合計	90,563,553	74,648,221	95,831,696	261,043,470	100%

カンマ追加の他、比率は小数から「○%」と表記を変更してより見やすくなった!

▌「表示形式」でセルの値を見慣れた形に加工しよう

Excelの表は、数値や数式を入力して数字を埋めれば完成とはいきません。初期設定の表示のままでは、数値のわかりやすさが半減してしまうからです。

私たちが日常で見る数字には、桁の把握をしやすくするために、カンマが表示されていますね。また、比率や割合を求めた計算結果はそのままだと小数で表示されますが、比率や割合は「○%」と表すという暗黙のルールがあります。Excelもこのルールに従い、入力後は必ず数値の見た目を整える作業をしていきましょう。これは「表示形式」で設定できます。

データに「表示形式」を追加してセルの見た目を整える

入力するデータ	表示形式	セルの表示
1980	+ , ▶	1,980
0.9	+ % ▶	90%

表示形式はセルの書式の一部です。あくまで書式なので、表示形式を設定しても、セルの見た目が変わるだけで、中身のデータは変更されません。

カンマとパーセントの表示形式を設定する

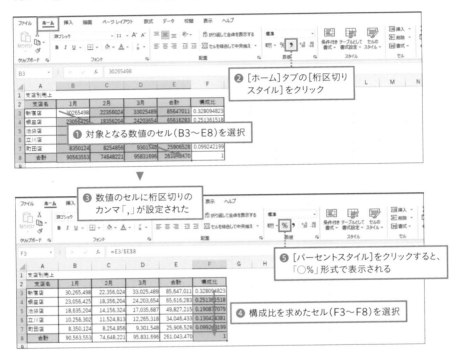

Column

主な数値の表示形式を設定するボタン

日常的に使われる数値の表示形式は、[ホーム] タブにある右図のボタンで設定できます。
これ以外の表示形式は、[セルの書式設定] ダイアログボックスの [表示形式] タブで設定します。

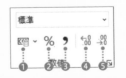

ボタン名	セルの表示の変化（設定前→設定後）		
❶通貨表示形式	1980	→	¥1,980
❷パーセントスタイル	0.954	→	95%
❸桁区切りスタイル	1980	→	1,980
❹小数点以下の表示桁数を増やす	0.954	→	0.9540
❺小数点以下の表示桁数を減らす	0.954	→	0.95

数値に「〇本」と 単位を付ける

ワザレベル3
☺ ☺ ☺

数値に単位を付けて入力したら 計算できなくなってしまった！

Bad ☹

単位を付けるとデータが 文字列になってしまう

	記の通りご請求申		夕陽飲料 中央区XXX
8			
9	ご請求金額	#VALUE!	
10			
11	**商品名**	**税抜単価**	**数量**	**金額**
12	高原のおいしい水	120	12本	#VALUE!
13	大地の恵み天然水	110	25	2,750
14	特選ウーロン茶	150	54	8,100
15	健康緑茶	140	78	10,920
16		小計		#VALUE!
17		消費税 (8%)		#VALUE!
18		税込金額		#VALUE!

「12本」と入力すると計算結果がエラーになってしまった。これは数値が文字列に変わったことが原因

Good! ☺

表示形式で単位を付ければ 数値のまま

6	下記の通り		社夕陽 市中央区XXX
7			
8			
9	ご請求金額	¥25,066	
10			
11	**商品名**	**税抜単価**	**数量**	**金額**
12	高原のおいしい水	120	12本	1,440
13	大地の恵み天然水	110	25本	2,750
14	特選ウーロン茶	150	54本	8,100
15	健康緑茶	140	78本	10,920
16		小計		23,210
17		消費税 (8%)		1,856
18		税込金額		¥25,066

表示形式が変わっただけでデータは数値のまま。計算が正しく行われた！

数値にそのまま単位を付けると「文字列」になってしまう

セルに入力するデータには「数値」と「文字列」の2種類があります。このうち、計算の対象になるのは数値だけです。そのため、文字列を入力したセルを数式内で参照すると、エラーになってしまいます。Badの図では、数値に直接単位を付けて入力したので文字列とみなされ「#VALUE!」というエラー値が表示されました。

数値と文字列の違い

データの種類	入力例	計算対象	セル内での配置
文字列	東京、ABC	×	左揃え
数値	1、0.5、1,500、2021/3/1※	○	右揃え

▽ 日付は数値の一種。普段は日付としての表示形式が設定されています
が、本体は「シリアル値」と呼ばれる数値になります（P.055参照）。

そこでGoodの図のように、セルのデータは「数値」を保持したまま、表示形式を使って単位を表示させましょう。表示形式は書式の一部なのでデータの中身は変更されません。

表示形式で単位「本」を数値の後ろに追加する

入力するデータ		表示形式		セルの表示
36	＋	○本	▶	36本

表示形式で単位を追加するには、[セルの書式設定]ダイアログボックスの[表示形式]タブで設定します。その際、「書式記号」と呼ばれる記号を使って、表のような表示形式を作成します。

半角の「0」は、セル内で数値データが表示される位置を表しています。その後ろに単位を表示するので、0に続けて「本」という文字を半角の「"」で囲んで指定します。なお、入力される数値が1,000以上になる場合は、「0」の代わりに「#,##0」と指定すると、数値部分に桁区切りのカンマも一緒に表示されます。

書式記号を使った表示形式の指定例

表示形式	入力するデータ	セルの表示	内容
0"本"	36 1200	36本 1200本	・「0」や「#,##0」は、数値データが表示される位置を表す。「0」は数値がそのまま表示され、「#,##0」は桁区切りのカンマを付けて数値が表示される ・単位の文字は半角の「"」で囲もう
#,##0"本"	36 1200	36本 1,200本	

英数字や記号はすべて半角で入力する

「○本」という表示形式を作成する

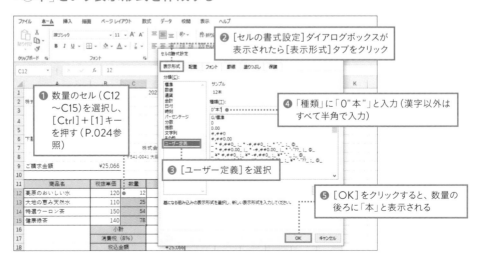

❶ 数量のセル（C12〜C15）を選択し、[Ctrl]＋[1]キーを押す（P.024参照）

❷ [セルの書式設定]ダイアログボックスが表示されたら[表示形式]タブをクリック

❸ [ユーザー定義]を選択

❹ 「種類」に「0"本"」と入力（漢字以外はすべて半角で入力）

❺ [OK]をクリックすると、数量の後ろに「本」と表示される

━━━ 解説 ━━━

日付は入力の仕方によって
表示が変わるやっかい者

日付は入力の仕方によってセルの表示がさまざまに変わるため、混乱のもとになりがちです。
この仕組みを理解するポイントは「シリアル値」と「表示形式」です。

▌入力した日付の表示が勝手に変わるのはなぜ？

下の手順を参考に、新しいシートを追加して、任意のセルに「9/1」と入力してみましょう。
[Enter] キーを押すと、セルには「9月1日」と表示されますね。このように日付を入力す
るとセルに異なる結果が表示されるのは、表示形式が自動で設定されるためです。この例
のように年の入力を省略すると「○月○日」となる表示形式が適用されます。

続けて、入力されたデータの中身を数式バーで確認しましょう。すると、現在の年が自動
で補われ、「2021/9/1」と表示されています。※執筆時点の日付です。

日付を入力すると表示形式が設定される

❶「9/1」と入力して「Enter」キーを押す

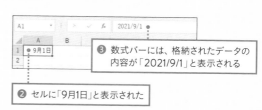

❸ 数式バーには、格納されたデータの内容が「2021/9/1」と表示される

❷ セルに「9月1日」と表示された

設定される表示形式は入力方法によって異なる

日付には様々な表示の仕方があるため、年月日をセットで入力するか、西暦ではなく和暦
で入力するかなどにより、次のページの図のようにセルの表示も変わります。これは入力の
仕方によって、自動設定される表示形式が異なるためです。

ただし、日付が入力されたセルを選択して数式バーを確認すると、いずれの場合も西暦の
年月日を「/」で区切った形で表示されます（「年」を省略した場合は、現在の年が追加されま
す）。つまり、西暦・和暦など見た目の形式が違っても、同じ日付であれば、Excelは同一
のデータと認識していることがわかります。

第2章 ｜ 伝わる表を作る 暗黙のルール

さまざまな日付の入力方法とセルの表示

Column

「20210901」や「2021」は日付と認識されない

Excelが日付データと認識できるのは、主に上図のような形式で入力された場合です。

「/」で区切らずに年月日をつなげて入力したり、年や月など日付の一部だけの数値を入力しても、日付とはみなされないので注意しましょう。

日付として認識されないと、西暦から和暦に日付の表示を変更したり（P.058参照）、曜日を日付と一緒に自動で表示したり（P.059参照）することはできません。また、日付の加工や計算に利用する関数も使えなくなります。日付は、上の図にあるような適切な形式で入力しましょう。

	A	B	C	D
1	●注文記録			
2	受注日	商品コード	受注数	
3	20210901	A01	100	
4	20210902	A02	200	
5	20210903	B03	500	
6				

A列の日付は「/」で区切られていないため、Excel内部ではただの数値とみなされてしまう。これでは日付としての計算や処理はできない

■ 日付の実体は「シリアル値」という連続番号

このようにキーボードから入力される日付にはさまざまな形式があるため、Excel内部では
すべて「44440」のような数値に置き換えて保存されています。この数値を「シリアル値」
といいます。シリアル値が一般的な数字になることから分かるように日付は数値データの
一種になります。

シリアル値の仕組み

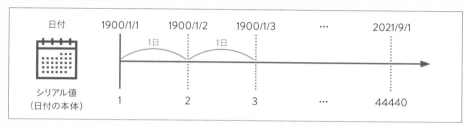

では「シリアル値」とはどういうものでしょうか。シリアル値とは、「1900/1/1」を「1」と
して、そこから1日経過するごとに1を足した数値のことです。たとえば「1900/1/2」のシ
リアル値は「2」となり、「2021/9/1」は1900/1/1から44440日後に当たるので「44440」
となります。

このように、シリアル値に置き換えると、すべての日付が1900年1月1日を起点とした1本
の直線上に並びますね。このとき、新しい日付ほどシリアル値は大きくなるので、日付の新
旧を、数値の大小と同じように比較できます。Excelの「並べ替え」機能を使って、売上
日の古い順にデータを並べ替えるといった作業ができるのは、こうして日付がシリアル値で
管理されているからなのです。

ただし、「44440」といったシリアル値の姿のままでは、具体的な日付がまったく分かりま
せん。そこで、セル上では表示形式を設定して、年月日に換算した形で表示されます。日
付を入力すると、自動的に表示形式が設定されるのはそのためです。

日付の入力からセルに表示されるまでの流れ

数字を入れると
勝手に日付になってしまう

ワザレベル2
☺ ☺ ☺

▌一度日付を入力したセルには日付の書式が残ってしまう

セルに「1」と入力したとき、勝手に「1900/1/1」と表示されて困った経験はありません
か。これは、以前そのセルに日付が入力されたことが原因です。日付のデータを[Delete]
キーで削除しても、書式の一部である表示形式はセルに残ってしまいます。そのため、「1」
と入力すると、シリアル値の「1」だと誤解され、該当する日付である「1900/1/1」に置
き換えて表示されてしまうのです（P.055参照）。

数値が日付になってしまうトラブルを再現してみよう

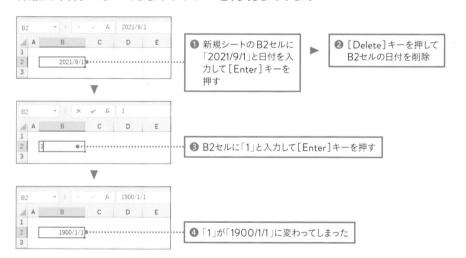

❶ 新規シートのB2セルに「2021/9/1」と日付を入力して[Enter]キーを押す

❷ [Delete]キーを押してB2セルの日付を削除

❸ B2セルに「1」と入力して[Enter]キーを押す

❹ 「1」が「1900/1/1」に変わってしまった

セルに残った表示形式を削除する

Excelでは、日付に限らず、セルのデータを[Delete]キーで削除しても、書式は削除さ
れません。表示形式は書式の一部なので、セルに残ってしまうわけです。セルに入力した
数値が正常に表示されるようにするには、セルの表示形式を「標準」に変更して、表示
形式を初期設定に戻す必要があります。

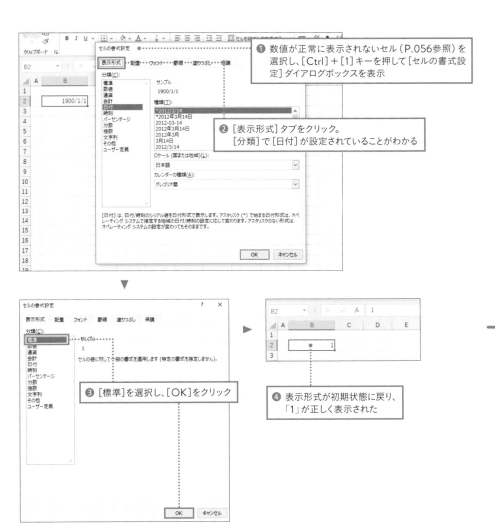

❶ 数値が正常に表示されないセル（P.056参照）を選択し、[Ctrl]＋[1]キーを押して[セルの書式設定]ダイアログボックスを表示

❷ [表示形式]タブをクリック。[分類]で[日付]が設定されていることがわかる

❸ [標準]を選択し、[OK]をクリック

❹ 表示形式が初期状態に戻り、「1」が正しく表示された

Column

日付のシリアル値を表示するには

日付データのシリアル値をセルに表示する場合も、手順❶〜❸と同じ操作をします。日付が入力されたセルを選択して、[セルの書式設定]ダイアログボックスを開き、[表示形式]タブの[分類]で[標準]を選択すると、日付の表示がシリアル値に変わります。

西暦で入力した日付を 「令和」で表示したい

ワザレベル2
☺ ☺ ☺

設定された表示形式は後から変更できる

日付の表示形式は、[セルの書式設定] ダイアログボックスの [表示形式] タブでいつでも変更できます。ここでは、利用頻度の多い和暦の日付の表示方法を紹介します。同様の手順で、和暦から西暦日付に変更することも可能です。

請求書の発行日を西暦から和暦に変更する

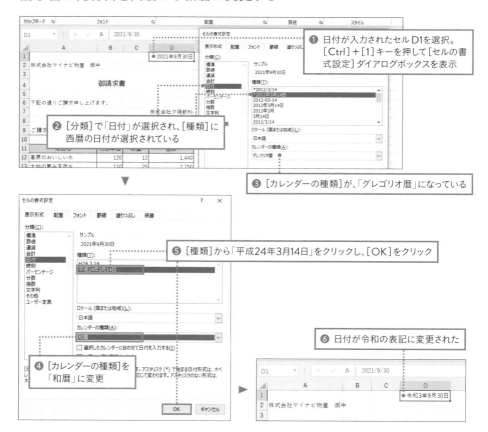

❶ 日付が入力されたセル D1 を選択。[Ctrl]+[1] キーを押して [セルの書式設定] ダイアログボックスを表示

❷ [分類]で「日付」が選択され、[種類]に西暦の日付が選択されている

❸ [カレンダーの種類]が、「グレゴリオ暦」になっている

❹ [カレンダーの種類]を「和暦」に変更

❺ [種類]から「平成24年3月14日」をクリックし、[OK]をクリック

❻ 日付が令和の表記に変更された

日付と一緒に
曜日を表示する

ワザレベル3
☺ ☺ ☺

日付の修正が発生…
曜日も全部打ち直さなきゃいけないの!?

曜日を自動で表示するよう
表示形式を変更した

日付とは別のセルに曜日を入力した例。
日付を変更する場合、曜日もあわせて
修正が必要で手間がかかる

**日付の変更に連動して曜日も自動で変わる。
間違いもなく、これなら安心**

▎曜日は表示形式で自動表示するのがお約束

ビジネスシーンでは、日付に曜日は欠かせません。よく、日付とは別のセルに、曜日だけを
オートフィル操作で入力するのを見かけますが、これだと日付を変更するたびに曜日も修正
しなければならなくなります。

日付の本体であるシリアル値（P.055参照）には、曜日の情報も含まれています。そこで、表
のような書式記号を指定して表示形式を設定すれば、日付のセルに曜日を一緒に表示でき
るのです。この方法なら、曜日を手作業で入力する必要がなく、効率的に作業ができます。

曜日を表示する書式記号

表示形式	入力するデータ	セルの表示
aaa	2021/9/1	水
m"月"d"日"（aaa）	2021/9/1	9月1日（水）

英数字や記号は半角で入力します。
曜日を囲むかっこ「( )」は全角・半角どちらでも構いません

曜日を表示する表示形式を設定する

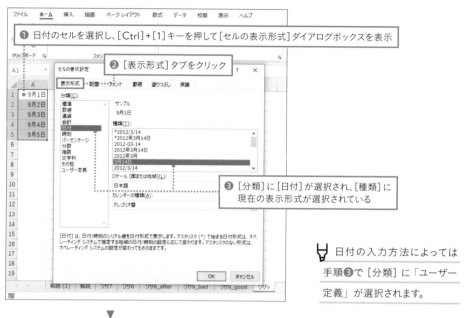

❶ 日付のセルを選択し、[Ctrl]+[1]キーを押して[セルの表示形式]ダイアログボックスを表示

❷ [表示形式]タブをクリック

❸ [分類]に[日付]が選択され、[種類]に現在の表示形式が選択されている

日付の入力方法によっては手順❸で[分類]に「ユーザー定義」が選択されます。

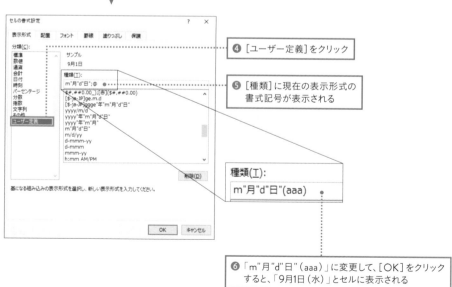

❹ [ユーザー定義]をクリック

❺ [種類]に現在の表示形式の書式記号が表示される

種類(T):

m"月"d"日"(aaa)

❻ 「m"月"d"日"(aaa)」に変更して、[OK]をクリックすると、「9月1日（水）」とセルに表示される

19

予算を達成できたかどうかの コメントを付ける

ワザレベル2
☺ ☺ ☺

集計結果に応じたコメントを自動で表示

表には数値だけでなく、その数値に対する判断や評価を追記することで、意図が伝わりやすい資料になります。IF関数を利用すれば、セルの内容や計算結果に応じて2通り以上の異なるコメントをセルに自動で表示できます。本書では、最もベーシックな2つのコメントを状況に応じて切り分けて表示するやり方をマスターしましょう。

下の図では、支店別の売上額が予算以上の金額なら「達成」、そうでない場合は「未達成」という評価をセルに表示しています。

完成図

IF関数を使って売上予算を達成できたかどうかを判定し、「達成」「未達成」という評価を自動で付けよう

IF関数の指定方法を確認する

IF関数は、指定した条件を満たすかどうかでセルの表示や操作を切り替えるときに使います。引数「論理式」に条件の内容を指定し、その条件を満たす場合は「値が真の場合」、満たさない場合は「値が偽の場合」に指定した処理をそれぞれ行います。

IF関数の引数

・条件を満たすかどうかで異なる処理をする

=IF(論理式 , 値が真の場合 , 値が偽の場合)

第2章 伝わる表を作る 暗黙のルール

引数「論理式」には、判定したい条件内容を右の表のような比較記号を使って指定します。その際、「条件を判定したいセル番地＋比較記号＋比較したい数値」の順に内容を組み合わせて入力しましょう。

「論理式」で利用する比較記号

=	～に等しい
>	～より大きい
>=	～以上
<>	～に等しくない
<	～より小さい
<=	～以下

入力する式の内容を確認する

この例では、評価を出したい最初のセルD3にIF関数の式を入力します。

引数「論理式」に「B3セルの売上額がC3セルの予算額以上である」という条件を「B3>=C3」と入力し、この条件を満たすかどうかを判定します。引数「値が真の場合」に「達成」、「値が偽の場合」に「未達成」と指定すると、条件を満たす場合は「達成」、そうでない場合は「未達成」と評価が表示されます。なお、セルに表示する文字列は半角の「"」で囲むルールがあるので注意しましょう。

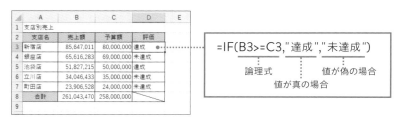

=IF(B3>=C3,"達成","未達成")

論理式　　値が真の場合　　値が偽の場合

「達成」、「未達成」のどちらか片方の評価だけをセルに表示したい場合は、「値が真の場合」「値が偽の場合」のうち、何も表示しない方の引数には半角の「"」を2つ続けて入力します。

（例： =IF(B3>=C3,"","未達成")　→D列の評価欄には「未達成」だけが表示される。）

IF関数の式を入力する

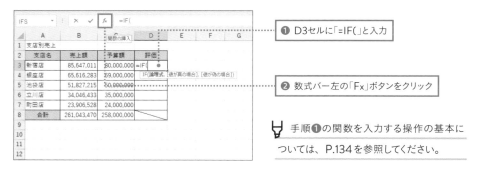

❶ D3セルに「=IF(」と入力

❷ 数式バー左の「Fx」ボタンをクリック

手順❶の関数を入力する操作の基本については、P.134を参照してください。

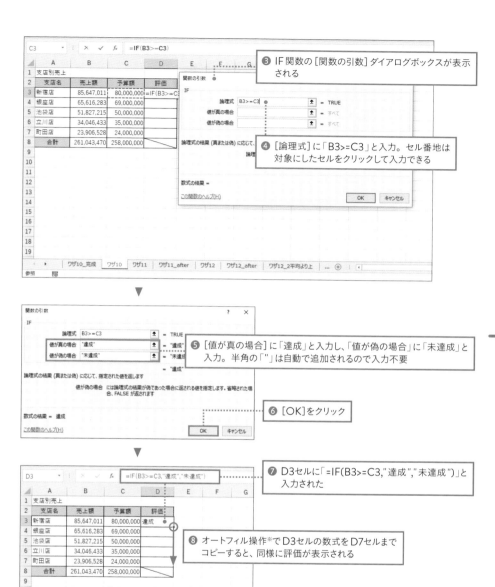

❸ IF関数の[関数の引数]ダイアログボックスが表示される

❹ [論理式]に「B3>=C3」と入力。セル番地は対象にしたセルをクリックして入力できる

❺ [値が真の場合]に「達成」と入力し、「値が偽の場合」に「未達成」と入力。半角の「"」は自動で追加されるので入力不要

❻ [OK]をクリック

❼ D3セルに「=IF(B3>=C3,"達成","未達成")」と入力された

❽ オートフィル操作※でD3セルの数式をD7セルまでコピーすると、同様に評価が表示される

⚐ オートフィル操作

「オートフィル」とは、隣接するセルに数式や値をコピーする操作のことです。この場合は、D3セルを選択し、右下角にマウスポインターを合わせてD7セルまでドラッグします。

前月比が100%以上の
セルを着色して目立たせる

ワザレベル2
😊 😊 😊

目立たせたいデータは
セルの着色でしっかりアピール！

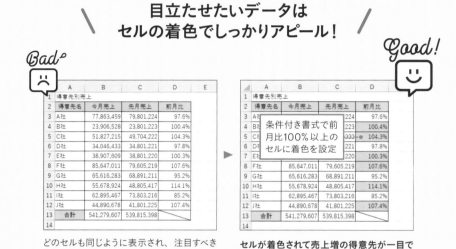

どのセルも同じように表示され、注目すべき
ポイントが目立たない残念な表になっている

セルが着色されて売上増の得意先が一目で
わかるようになった！

注目すべきデータのセルに自動で書式を設定する

一定の条件をクリアしたセルを目立たせるには、手動でハイライトせず「条件付き書式」を
使いましょう。「条件付き書式」とは、指定した条件を満たす場合にセルの塗りつぶしなど
の書式を自動で設定する機能です。条件を満たさないセルには書式は設定されず、また、
設定後に条件を満たさなくなったセルは自動で書式が解除されるので、注目すべきデータ
を常に最新の状態でアピールできます。

Goodの図では、D列のセルに条件付き書式を設定し、前月比が100%以上のセルに青
の塗りつぶしを設定しています。

条件付き書式を設定する

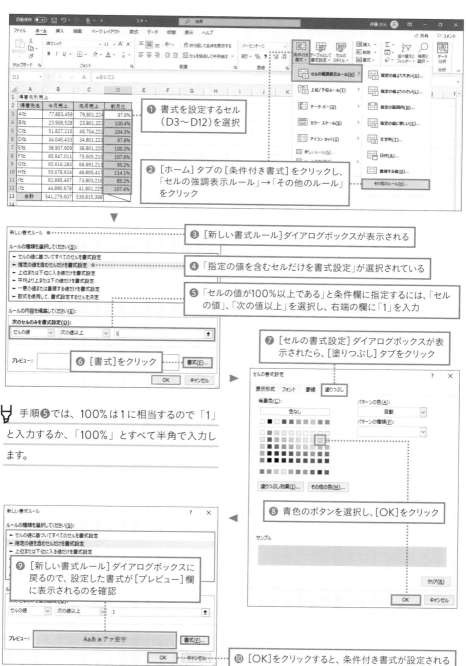

❶ 書式を設定するセル（D3〜D12）を選択

❷ [ホーム] タブの [条件付き書式] をクリックし、「セルの強調表示ルール」→「その他のルール」をクリック

❸ [新しい書式ルール] ダイアログボックスが表示される

❹ 「指定の値を含むセルだけを書式設定」が選択されている

❺ 「セルの値が100%以上である」と条件欄に指定するには、「セルの値」、「次の値以上」を選択し、右端の欄に「1」を入力

❻ [書式] をクリック

❼ [セルの書式設定] ダイアログボックスが表示されたら、[塗りつぶし] タブをクリック

手順❺では、100%は1に相当するので「1」と入力するか、「100%」とすべて半角で入力します。

❽ 青色のボタンを選択し、[OK] をクリック

❾ [新しい書式ルール] ダイアログボックスに戻るので、設定した書式が [プレビュー] 欄に表示されるのを確認

❿ [OK] をクリックすると、条件付き書式が設定される

条件付き書式の編集や解除を行う

設定した条件付き書式のルール内容を変更する場合や、条件付き書式を削除する場合には、次のように操作します。

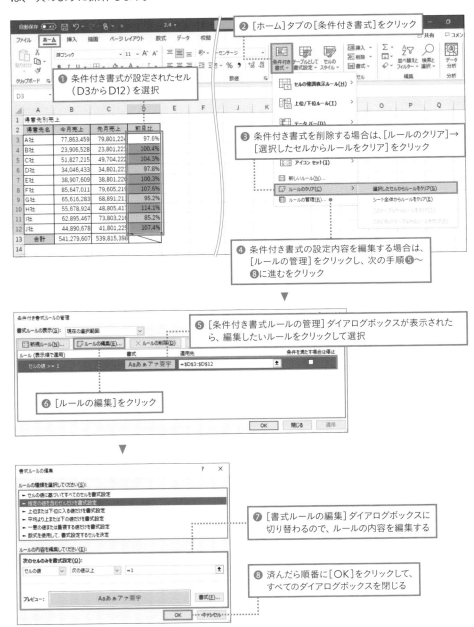

❷ [ホーム] タブの [条件付き書式] をクリック

❶ 条件付き書式が設定されたセル（D3からD12）を選択

❸ 条件付き書式を削除する場合は、[ルールのクリア]→ [選択したセルからルールをクリア] をクリック

❹ 条件付き書式の設定内容を編集する場合は、[ルールの管理] をクリックし、次の手順❺～❽に進むをクリック

❺ [条件付き書式ルールの管理] ダイアログボックスが表示されたら、編集したいルールをクリックして選択

❻ [ルールの編集] をクリック

❼ [書式ルールの編集] ダイアログボックスに切り替わるので、ルールの内容を編集する

❽ 済んだら順番に [OK] をクリックして、すべてのダイアログボックスを閉じる

売上上位3社のセルに 色を付ける

ワザレベル2
☺ ☺ ☺

先月と今月で入れ替わった上位得意先… 一目で判別したい！

Bad°
😞

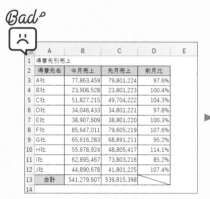

セルを1つ1つ見ないと、どの取引先の売上が 高いかわからない。先月との比較なんてもっ てのほか

Good!
😊

今月と先月の売上トップ3のセルに自動で色 を付けるよう設定

上位の得意先が入れ替わった状況が一目で 伝わるようになった！

第2章　伝わる表を作る　暗黙のルール

並べ替えをせずに上位や下位をアピール

条件付き書式の「上位10項目」機能を使うと、売上金額などが大きいものから順位を求 めて、指定した順位までのデータのセルに自動で書式を設定できます。

順位を示すには、金額などの降順（大きい順）に表を並べ替えたり、関数を使う方法が一 般的ですが、条件付き書式なら、データの順序を変えずに、大口の取引や購買力のある 得意先を明らかにできるのです。

Goodの図では、今月の売上と先月の売上の上位3社の金額セルに、異なる色で塗りつぶ しを設定しました。これで重要な得意先が一目瞭然です。

条件付き書式の「上位10項目」を設定する

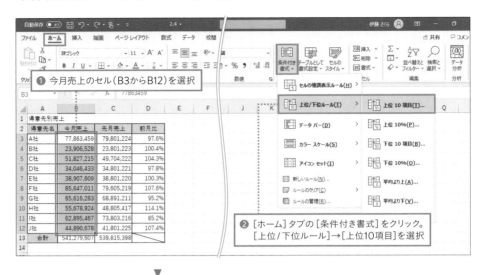

❶ 今月売上のセル（B3からB12）を選択

❷ [ホーム]タブの[条件付き書式]をクリック。[上位/下位ルール]→[上位10項目]を選択

▼

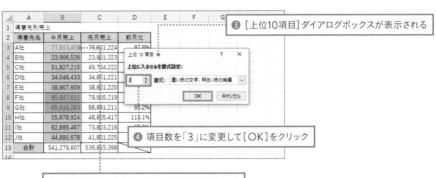

❸ [上位10項目]ダイアログボックスが表示される

❹ 項目数を「3」に変更して[OK]をクリック

❺ 上位3項目の金額に赤色の書式が設定される

▼

❻ 同様に、セルC3からC12を選択して手順❷～❹の操作をし、[書式]欄に「濃い黄色の文字、黄色の背景」を選択

Column

「平均よりも上」のセルに自動で色を付ける

取引金額が顧客全体の平均値よりも上・下どちらに含まれるかによって、セルに書式を設定することもできます。❶対象となるセル（B3からB12）を選択し、❷［ホーム］タブの［条件付き書式の設定］をクリックして、❸［上位 / 下位ルール］から「平均より上」または「平均より下」を選択します。❹続く画面で書式の種類を選び、「OK」をクリックすると、❺該当する金額セルに書式が設定されます。

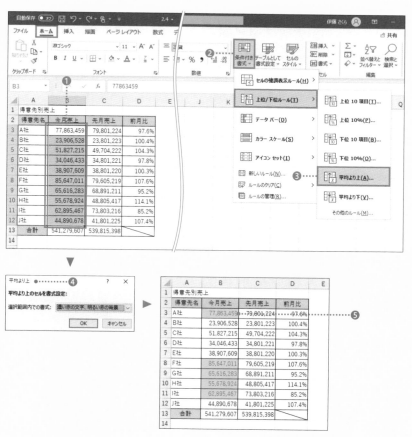

第2章　伝わる表を作る暗黙のルール

暗黙のワザ

22

顧客をランク分けして
アイコンで分類する

ワザレベル3
☺ ☺ ☺

アイコン表示を活用して
伝わる表を作成！

Good!
:)

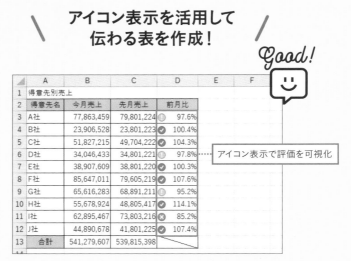

アイコン表示で評価を可視化

前月比が100%以上なら緑、90%以上100%未満なら黄色、90%未満なら
赤のアイコンを表示。アイコンによるランク分けで資料はよりわかりやすくなる

▌前月比をもとに顧客を3つのランクに分ける

表内のセルの数値をランク分けして示したいと思ったことはありませんか？ 「条件付き書
式」の「アイコンセット」を設定すれば、指定した基準で数値をいくつかのグループに分
け、どのランクに属するのかをセルの先頭にアイコンで示すことができます。
Goodの図では、D列のセルに「アイコンセット」を設定し、それぞれ条件にあったマーク
を表示しています。

アイコンセットを設定する

まずセルの先頭に表示するアイコンの種類を選択します。次に、ランク間の境界となる値
を調整して、希望通りの基準でそれぞれのマークが表示されるようにしましょう。

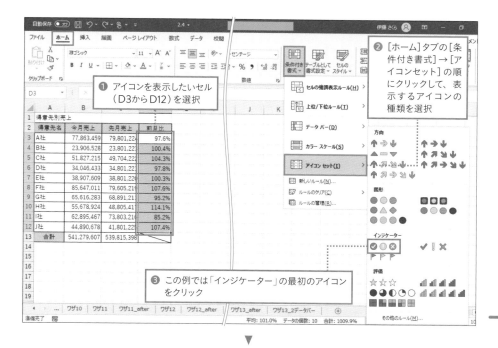

❶ アイコンを表示したいセル（D3からD12）を選択

❷ [ホーム]タブの[条件付き書式]→[アイコンセット]の順にクリックして、表示するアイコンの種類を選択

❸ この例では「インジケーター」の最初のアイコンをクリック

▼

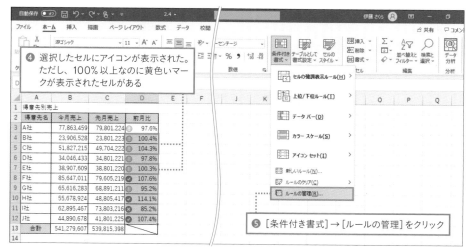

❹ 選択したセルにアイコンが表示された。ただし、100%以上なのに黄色いマークが表示されたセルがある

❺ [条件付き書式]→[ルールの管理]をクリック

アイコンセットの設定直後は、数値を大きさ順に並べた結果を単純に3等分してランク分けするため、手順❹のようにルールに合わないマークが表示されてしまうことがあります。意図する通りに表示するには、ルール内容を編集してランクの境界値を変更する必要があります。

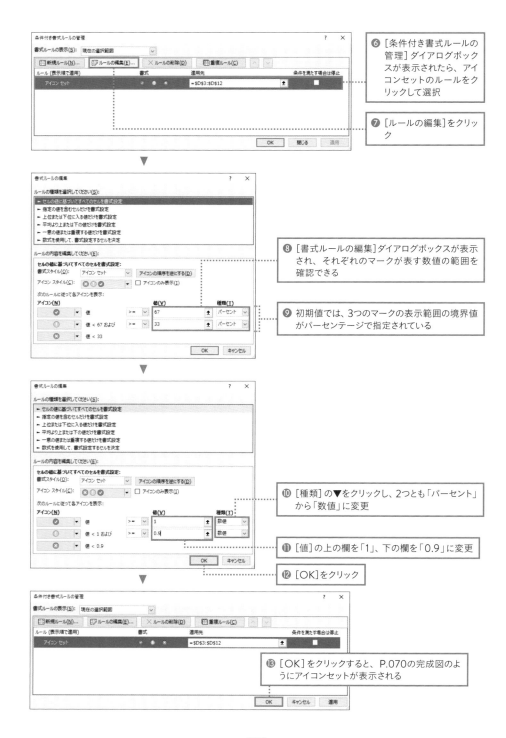

⑥ [条件付き書式ルールの管理] ダイアログボックスが表示されたら、アイコンセットのルールをクリックして選択

⑦ [ルールの編集]をクリック

⑧ [書式ルールの編集] ダイアログボックスが表示され、それぞれのマークが表す数値の範囲を確認できる

⑨ 初期値では、3つのマークの表示範囲の境界値がパーセンテージで指定されている

⑩ [種類]の▼をクリックし、2つとも「パーセント」から「数値」に変更

⑪ [値]の上の欄を「1」、下の欄を「0.9」に変更

⑫ [OK]をクリック

⑬ [OK]をクリックすると、P.070の完成図のようにアイコンセットが表示される

—— 2.5 数値の可視化ならグラフの出番 ——

グラフの種類は
間違えずに選ぶ

😊 😊 😊

■ まずは基本の3グラフを使い分けよう

表の数値をグラフにすると、数値データに説得力を持たせることができます。グラフを作るときには、用途に合った種類を正しく選びましょう。中でも縦棒グラフ、折れ線グラフ、円グラフの3種類は、最も基本的で利用頻度が高いグラフです。まずは、この3種類の用途と使い分けを理解しましょう。

● 縦棒グラフ

数値の大きさを棒の長さで表す最も基本的なグラフで、比較全般に利用できる。さらに3つの種類に分かれる（P.077参照）

● 折れ線グラフ

項目ごとに数値を線で結んだグラフで、時間の経過による変化を表す。横軸には必ず年月や日付など時系列の項目を配置する

● 円グラフ

1つの項目を構成する要素の割合を扇形の角度で表したグラフ。表の数値が自動的に構成比に換算され、グラフ化される

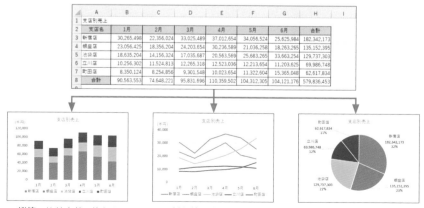

縦棒：比較全般に使える　　　折れ線：変化を表す　　　円：内訳・割合を表す

サンプル画面で確認してから種類を選ぶ

グラフの種類を選ぶ際、[グラフの挿入] ダイアログボックスでは、完成状態のグラフをサンプル画面に表示できます。これで事前にイメージを確認してから種類を選ぶと、見当違いのグラフを作ってしまうトラブルを避けることができます。

この例では、各支店の月別売上を比較する集合縦棒グラフを作りましょう。

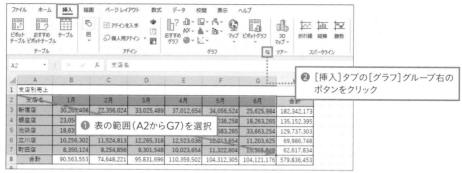

❷ [挿入]タブの[グラフ]グループ右の
ボタンをクリック

❶ 表の範囲（A2からG7）を選択

▼

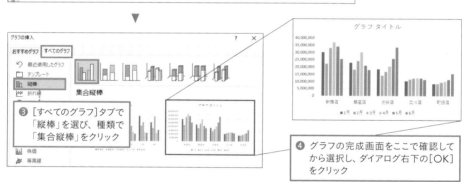

❸ [すべてのグラフ]タブで
「縦棒」を選び、種類で
「集合縦棒」をクリック

❹ グラフの完成画面をここで確認して
から選択し、ダイアログ右下の[OK]
をクリック

Column

グラフ化したいセルを過不足なく選ぶ

最初に表のセルを選ぶ際、グラフに表示する要素をすべて含めて選択しましょう。例えば、A2からG2セルの選択を忘れると、

グラフには月名が表示されなくなります（❶）。反対に不要なセルまで選択すると、グラフに余計な内容が表示されてしまいます。失敗したグラフを削除するには、グラフエリア（P.080コラム参照）をクリックして［Delete］キーを押します。その後、グラフを作り直しましょう。

24

グラフの棒に
カラフルはご法度

ワザレベル2
☺ ☺ ☺

初期設定の配色では
「見せたい部分」が伝わらない！

Bad 😦

グラフの重要な部分が
目立つように色を変更

Good! 😊

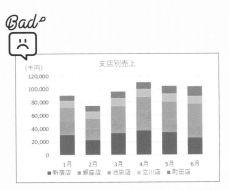

作成直後の配色では、色数が多すぎてグラフのどこが重要なのかがわからない

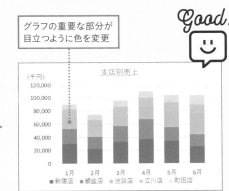

全体をグレーに変更して池袋店だけを黄色にすると、池袋店の売上を強調できる

▌ グラフの配色はそのまま使わず変更しよう

人の視線は、明度や彩度の高い派手な色に集まります。そこでグラフなどの図版では、全体をグレーなどの地味な色に設定したうえで、強調したい部分だけに黄色や赤など鮮やかな色を指定すると、その部分に注目を集めることができます。

ところが、グラフの作成直後は、初期設定のカラフルな配色になるため、赤、青、黄、グレーと様々な色が使われています。これでは、どの部分を強調したいのかが伝わらないため、グラフの配色は初期設定のまま使わないようにしましょう。次の手順で配色を変更し、見てほしい個所に視線を集める工夫をおすすめします。

池袋店の売上が目立つようにグラフの配色を変更する

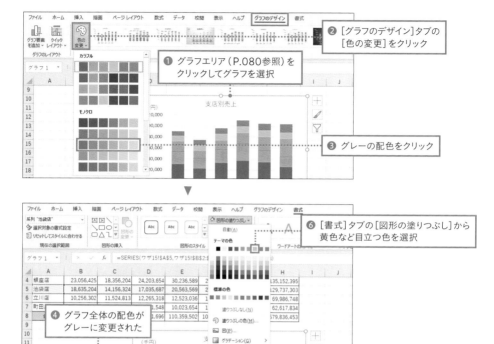

❷ [グラフのデザイン]タブの
 [色の変更]をクリック

❶ グラフエリア（P.080参照）を
 クリックしてグラフを選択

❸ グレーの配色をクリック

❻ [書式]タブの[図形の塗りつぶし]から
 黄色など目立つ色を選択

❹ グラフ全体の配色が
 グレーに変更された

❺ 「池袋店」のいずれかの要素をクリック

Column

グラフの編集に使う2つのタブを使い分ける

作成したグラフを編集するには、グラフエリアをクリックしてから、[グラフのデザイン] タブまたは [書式] タブのボタンを利用します。2つのタブは次のように使い分けましょう。

■ **[グラフのデザイン]タブ：グラフ全体に関わる編集を行う**

デザイン（スタイル、レイアウト、配色）の変更、グラフの種類の変更、グラフの場所の移動、グラフの元データの選択、足りない要素の追加、など。

■ **[書式] タブ：部分的な書式や設定の変更を行う**

グラフ要素の詳細設定、グラフの各部の色、枠線、効果の設定、グラフへの図形の追加、など。

解説

グラフ作りの基本のキ
3種類の棒グラフを使い分ける

**棒グラフには、「集合」、「積み上げ」、「100%積み上げ」の3種類があります。
違いを理解して、目的に合った種類を選びましょう。**

棒グラフの使い分け、できていますか?

縦棒グラフは、最も基本的で利用頻度の高いグラフです。棒グラフを作る際は、「集合」、「積み上げ」、「100%積み上げ」の中から詳細な種類を選びます。

[グラフの挿入]ダイアログボックスの[すべてのグラフ]タブで、分類から「縦棒」を選ぶと、上に並んだボタンから3種類のグラフを選ぶことができます。

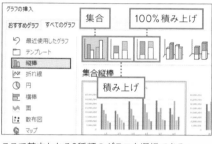

ここで基本となる3種類のグラフを選択できる

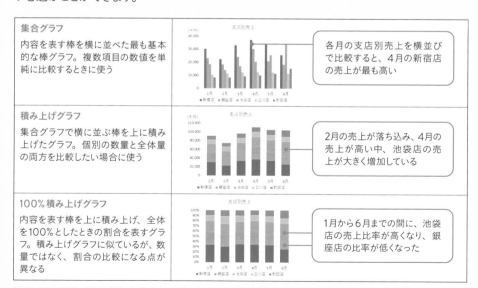

集合グラフ 内容を表す棒を横に並べた最も基本的な棒グラフ。複数項目の数値を単純に比較するときに使う		各月の支店別売上を横並びで比較すると、4月の新宿店の売上が最も高い
積み上げグラフ 集合グラフで横に並ぶ棒を上に積み上げたグラフ。個別の数量と全体量の両方を比較したい場合に使う		2月の売上が落ち込み、4月の売上が高い中、池袋店の売上が大きく増加している
100%積み上げグラフ 内容を表す棒を上に積み上げ、全体を100%としたときの割合を表すグラフ。積み上げグラフに似ているが、数量ではなく、割合の比較になる点が異なる		1月から6月までの間に、池袋店の売上比率が高くなり、銀座店の比率が低くなった

集合、積み上げ、100%積み上げは、同じ棒グラフでも用途が異なるので、種類を間違えないことが大切

第2章 伝わる表を作る 暗黙のルール

横棒グラフは項目名が長いときに使う

棒グラフには、「縦棒」のほかに、棒の向きを横にした「横棒グラフ」もありますが、強調の視覚効果が高いのは、下から上へと棒が伸びる縦棒なので、縦棒を優先的に使いましょう。ただし、縦棒グラフでは、横軸に長い項目見出しが並ぶとレイアウトが見づらくなります。その場合は、横棒で代用しましょう。横棒グラフでは、縦軸に横書きで項目名が並ぶので、長い文字列が読みやすくなるからです。

なお、横棒グラフでは、縦軸の項目見出しの順番が表とは逆になります。項目の並び順を表に揃えるには、[軸の書式設定]ダイアログボックスで、次のように操作します。

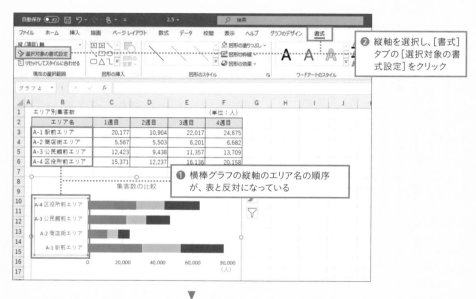

❷ 縦軸を選択し、[書式]タブの[選択対象の書式設定]をクリック

❶ 横棒グラフの縦軸のエリア名の順序が、表と反対になっている

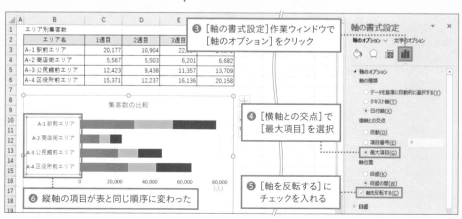

❸ [軸の書式設定]作業ウィンドウで[軸のオプション]をクリック

❹ [横軸との交点]で[最大項目]を選択

❺ [軸を反転する]にチェックを入れる

❻ 縦軸の項目が表と同じ順序に変わった

078

—— 2.5 数値の可視化ならグラフの出番 ——

最大値と目盛の調整を忘れずに

ワザレベル 2
☺ ☺ ☺

縦軸の設定を変更して
グラフを「はっきり」「大きく」見せる

Bad 🙁

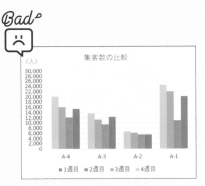

最大値が大きすぎるとグラフの上が空いてしまう。細かすぎる目盛も見づらい

縦軸の設定を変更

Good! ☺

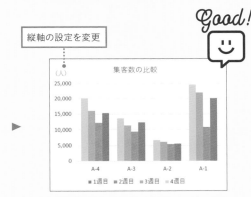

最大値を小さくしたことで、グラフが大きく表示される。目盛間隔も見やすくなった

■「最大値」「目盛」を調整すればグラフの違いが明確に

棒グラフや折れ線グラフを作成したら、縦軸の「最大値」と「目盛間隔」の2点を確認しましょう。

最大値は、表の数値をもとに自動で設定されますが、大きすぎるとBadの図のように、グラフの上にムダな領域を作ってしまいます。一番長いグラフの棒がちょうど収まる程度に最大値を変更すれば、プロットエリアいっぱいにグラフが表示され、数値の違いが明確になります。

またグラフの背後に表示される目盛線は、多すぎても少なすぎてもNGです。棒の長さや折れ線の位置を確認しやすい間隔に変更しましょう。

最大値を「25000」、目盛間隔を「5000」に変更する

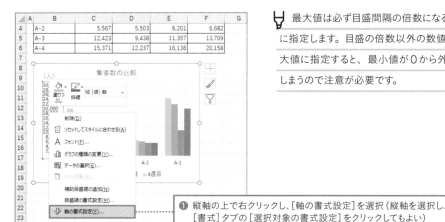

最大値は必ず目盛間隔の倍数になるように指定します。目盛の倍数以外の数値を最大値に指定すると、最小値が0から外れてしまうので注意が必要です。

❶ 縦軸の上で右クリックし、[軸の書式設定]を選択（縦軸を選択し、[書式]タブの[選択対象の書式設定]をクリックしてもよい）

❷ [軸の書式設定]作業ウィンドウで[軸のオプション]をクリック

❸ 最大値を変更するには、[最大値]に「25000」と入力

❹ 目盛間隔を変更するには、[主]に「5000」と入力

❺ グラフの最大値と目盛間隔が変更された

Column

グラフの各部の名称

グラフの構成要素の名前を知っておくと、編集作業がしやすくなります。

軸ラベル・グラフタイトル・プロットエリア・目盛線・データラベル・凡例・縦軸・グラフエリア・横軸・データ系列

—— 2.5 数値の可視化ならグラフの出番 ——

円グラフには
パーセンテージを追加する

ワザレベル 3
☺ ☺ ☺

作成直後の円グラフは
情報不足でものたりない!?

Bad

円グラフを読み解くのに必要な情報を表示

Good!

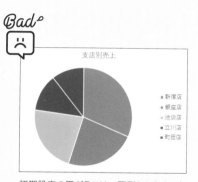

初期設定の円グラフは、扇形しかなくて寂しく情報不足に見える

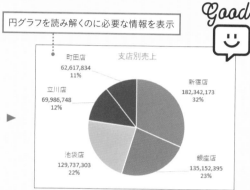

支店名や%をデータラベルで追加すれば、情報の多い円グラフになる

円グラフにはデータラベルの追加が必須

作成した直後の円グラフには、円と凡例だけが表示されます。縦棒や折れ線と違って文字の情報が極端に少ないので、素っ気ない印象を与えてしまいます。また、それぞれの扇形が表す内容を凡例項目と付き合わせて確認するのも面倒です。

そこでデータラベルを追加して、円グラフの近くに、支店名や元になった売上金額、割合などを表示させましょう。これなら必要な情報が一度に読み取れるので理解が早くなります。なお、データラベルに支店名を表示させれば、凡例は不要です。忘れずに削除しておきましょう。

データラベルを追加して凡例を削除する

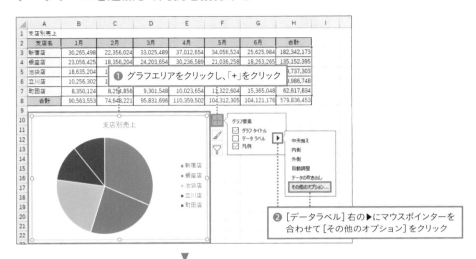

① グラフエリアをクリックし、「+」をクリック

② [データラベル] 右の▶にマウスポインターを合わせて [その他のオプション] をクリック

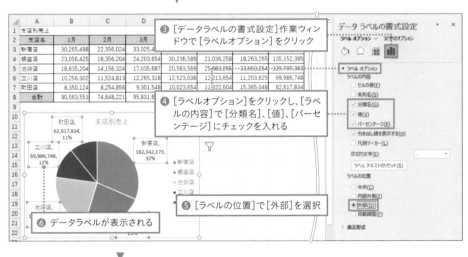

③ [データラベルの書式設定]作業ウィンドウで [ラベルオプション] をクリック

④ [ラベルオプション]をクリックし、[ラベルの内容] で [分類名]、[値]、[パーセンテージ] にチェックを入れる

⑤ [ラベルの位置]で [外部] を選択

⑥ データラベルが表示される

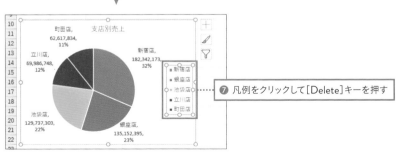

⑦ 凡例をクリックして [Delete]キーを押す

第 3 章

データ集計を制するものはExcelを制す

暗黙のデータ作成・集計テクニック

Excelが本領を発揮するのが日々の売上などのデータ集計。
ただし、日頃から正しいデータ作りを
していることが前提です。
見落としがちなポイントを確認しましょう。

───── 解説 ─────

フィルターで
「今見たい」レコードを抽出

表の中から必要なデータを取り出すには、フィルターで抽出するのが効率的。
フィルター機能のメリットや基本をここで再確認しましょう。

一部の行を抜き出すのに
コピペは不要！

Bad

特定商品だけの売上リストがほしい場合、データ行を選んでコピペして別の表を作成するのは大変

コピー

Good!

「フィルター」でほしいデータだけを抽出。あっという間に作成できた！

シュークリームだけの表を抽出できた！

▌効率のよいデータ管理ならコピペよりもフィルター

「フィルター」とは、データベース形式の表（P.097参照）から、条件に合うデータ行（レコード）だけを一時的に表示する機能です。フィルターを使うと、条件に該当しないレコードは隠れて見えなくなるので、必要な内容だけに集中して確認できます。また、他のレコードを削除したわけではないので、確認終了後に抽出を解除すれば、表はすぐに元の状態に戻せます。

フィルターを活用すれば、ベースとなる表を1つ持っておくだけで、そこから何通りもの異なる表を生み出せます。コピペのように商品や得意先別にいくつも表を用意するわけではないので、データの管理を一元化でき、効率アップやデータの正確性につながります。

抽出結果の見方を知っておこう

フィルターで抽出を実行すると、表の状態が図のように変わります。

抽出の操作は、列見出し（フィールド名）の右にある矢印をクリックして行います。抽出の条件に使った列（フィールド）のフィルター矢印にマウスポインターを合わせると、条件内容が表示されます。この例では、「商品名」フィールドに「シュークリーム」と入力されたレコードを抽出しました。

抽出された行番号は青色で表示され、抽出されたレコードの件数は、画面の左下で確認できます。

抽出された状態の表

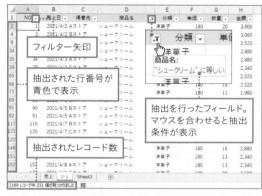

- フィルター矢印
- 抽出された行番号が青色で表示
- 抽出されたレコード数
- 抽出を行ったフィールド。マウスを合わせると抽出条件が表示

フィルターで抽出された状態の表は、行番号が青くなるので抽出中だと見分けられる

フィルター矢印を表示する手順

フィルター機能は、データベース形式の表（P.097参照）で利用します。抽出を行う前の準備として、フィールド名のセルに矢印を表示しておきましょう。

❶ 表内の任意のセルを選択
❷ [データ]タブの[フィルター]をクリック

▼

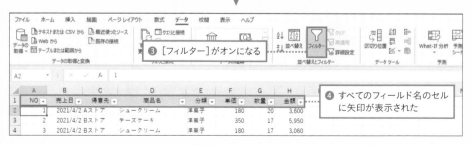

❸ [フィルター]がオンになる
❹ すべてのフィールド名のセルに矢印が表示された

🖑 手順❶❷を繰り返すと、セルの矢印が非表示になります。

暗黙のワザ

27

商品名や顧客名を
指定して抽出したい

ワザレベル1
☺ ☺ ☺

▎ フィルターの基本的な使い方をマスターしよう

「シュークリームの売上記録を見たい」「Aストアへの販売データを確認したい」といった要望に従って抽出を行うには、「商品名」や「得意先」のフィールドで、フィルターの設定欄を開き、表示させたい内容の項目にチェックを付けます。

商品名が「シュークリーム」であるレコードを抽出

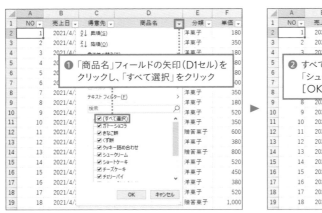

❶ 「商品名」フィールドの矢印（D1セル）をクリックし、「すべて選択」をクリック

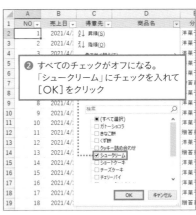

❷ すべてのチェックがオフになる。「シュークリーム」にチェックを入れて［OK］をクリック

❸ 商品名がシュークリームであるレコードが抽出された

さらに得意先を指定して抽出する

抽出が実行された表に、条件を変えてさらにフィルターを実行すると、複数の条件を満たすレコードだけが絞り込んで表示されます。ここでは、シュークリームの売上レコードの中から、得意先が「Aストア」であるレコードだけを表示させます。

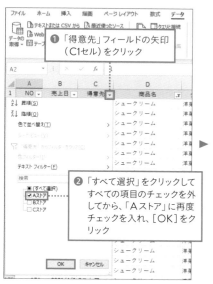

❶「得意先」フィールドの矢印（C1セル）をクリック

❷「すべて選択」をクリックしてすべての項目のチェックを外してから、「Aストア」に再度チェックを入れ、[OK]をクリック

❸ 得意先が「Aストア」であるレコードだけが絞り込まれた

抽出を解除する

フィルターの抽出を解除するには、対象となるフィールドのフィルター矢印をクリックして右図のように操作します。ここでは「得意先」フィールドの抽出を解除します。

🔔 すべての抽出を解除するには

複数のフィールドで抽出した表の場合、この操作で一部フィールドの抽出だけが解除されます。すべてのフィルターでの抽出を一括して解除するには、[データ] タブの[クリア] をクリックします。

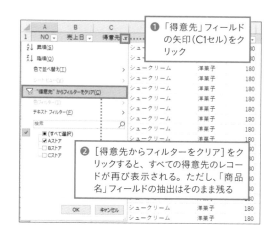

❶「得意先」フィールドの矢印（C1セル）をクリック

❷ [得意先からフィルターをクリア] をクリックすると、すべての得意先のレコードが再び表示される。ただし、「商品名」フィールドの抽出はそのまま残る

「○○を含む」という 条件で抽出する

ワザレベル2
☺ ☺ ☺

■ 商品名などの一部を指定して抽出できる

フィルターの条件欄にはキーワードを入力できます。商品名などの一部を入力すると、その言葉を含む商品のレコードをまとめて抽出できるので、関連のあるレコードを効率よく調べられます。また、商品名の一部しか分からない場合でも抽出できます。

詰め合わせ商品の売上データをまとめて抽出

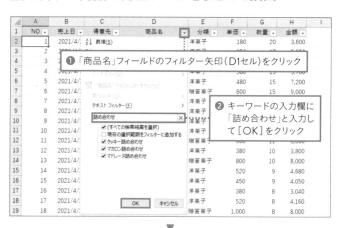

❶ 「商品名」フィールドのフィルター矢印（D1セル）をクリック

❷ キーワードの入力欄に「詰め合わせ」と入力して［OK］をクリック

手順❷では、キーワードの入力と同時に「詰め合わせ」という語を含む商品名だけがチェック欄に絞り込んで表示されるので、どんな商品があるのかを確認できます。不要な商品は、ここでチェックを外せば、抽出対象から除外できます。

❸ 商品名に「詰め合わせ」という言葉を含む商品のレコードが抽出された

抽出結果を
別のシートにコピーしたい

ワザレベル2
☺ ☺ ☺

▌ フィルターの抽出結果をコピペで残す

フィルターで抽出された結果は、抽出を行った時点のものです。レコードが追加、変更されれば、同じ条件で抽出しても違う結果が出ることがあり得ます。現在求めた抽出結果を元の表から切り離して残しておくには、「コピー」と「貼り付け」の操作で、別のシートに表をコピーしましょう。

抽出結果を新しいシートにコピーする

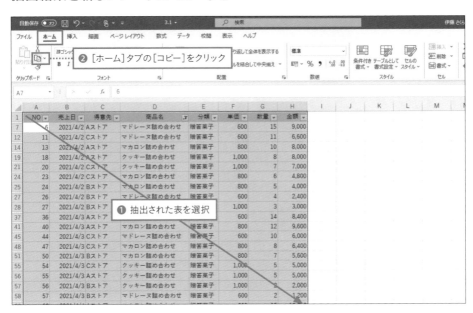

💡 手順❶で、表の範囲をドラッグ操作で選択しづらい場合、表内の任意のセルをクリックしてから［Shift］キーと［Ctrl］キーを押しながら［:］キーを押すと、表全体をすばやく選択できます。

▼

❸ 選択された表のレコードが点滅する

🏹 非表示の行は選択されない

行番号が離れた箇所で点滅の線が切れていることから、非表示に
なった行は選択範囲から除外されていることがわかります。

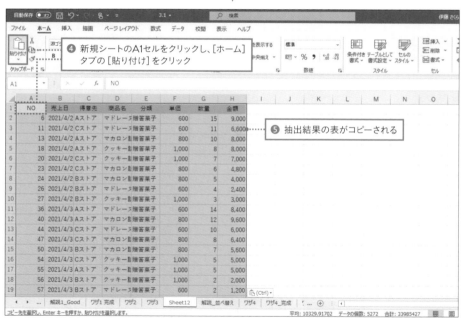

❹ 新規シートのA1セルをクリックし、[ホーム]
タブの [貼り付け] をクリック

❺ 抽出結果の表がコピーされる

🏹 抽出結果のみをコピーできる

「NO」フィールド (A列) の番号に抜けがあることから、フィルター
で抽出された行だけが貼り付けられたことがわかります。

レコードの順序を 並べ替える

売上などを入力した表では、レコードは入力順に並びます。
内容を確認するときには、レコードの並び順を探しやすいように変更しましょう。

入力順では「見たいデータ」が 探しづらい

Bad

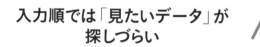

	A	B	C	D	E	F	G	H	I
1	NO	売上日	得意先	商品名	分類	単価	数量	金額	
2	1	2021/4/2	Aストア	シュークリーム	1_洋菓子	180	20	3,600	
3	2	2021/4/2	Bストア	チーズケーキ	1_洋菓子	350	17	5,950	
4	3	2021/4/2	Bストア	シュークリーム	1_洋菓子	180	17	3,060	
5	4	2021/4/2	Bストア	ショートケーキ	1_洋菓子	380	15	5,700	
6	5	2021/4/2	Bストア	チェリーパイ	1_洋菓子	480	15	7,200	
7	6	2021/4/2	Aストア	マドレーヌ詰め合わせ	3_贈答菓子	600	15	9,000	

初期状態の表では、レコード入力順(「NO」順)に並ぶので、金額はバラバラ。必要なデータを見つけづらい

Good!

「金額」の大きいものからレコードを並べると、大口の売上から順に案件を確認できる

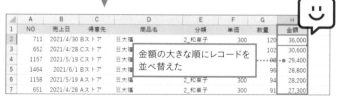

	A	B	C	D	E	F	G	H
1	NO	売上日	得意先	商品名	分類	単価	数量	金額
2	711	2021/4/30	Bストア	豆大福	2_和菓子	300	120	36,000
3	652	2021/4/28	Cストア	豆大福	2_和菓子	300	102	30,600
4	1157	2021/5/19	Cストア	豆大福	2_和菓子		98	29,400
5	1464	2021/6/1	Bストア	豆大福	2_和菓子		96	28,800
6	1158	2021/5/19	Aストア	豆大福	2_和菓子	300	94	28,200
7	651	2021/4/28	Aストア	豆大福	2_和菓子	300	91	27,300

金額の大きな順にレコードを並べ替えた

効率のよいデータ確認に「並べ替え」は必須

「並べ替え」とは、データベース形式の表(P.097参照)のレコードの順番を、指定した基準に従って変更する機能です。

売上などのデータベースは、新しい売上記録が表の最下行に追加されるので、古いデータから順にレコードが並びます(Bad図)。この状態では、必要な情報を探す際に不便なので、「並べ替え」機能を使ってレコードの並び順を変更しましょう。

例えば、大口の売上を真っ先に確認するには、金額が大きいものから小さいものへとレコードを並べ替えます(Good図)。並べ替えた結果、高額の受注が表の先頭に来るので、目的のレコードがすぐに見つかります。

また、同じ商品の売上データが分散せず1か所に集まっていると、商品別の売上もチェックしやすくなります。このようなデータの分類にも並べ替えを活用します。

正しい手順で並べ替えを実行すると、同じ行のセルがバラバラになることがなく、データはレコード単位で移動します。

並べ替えに指定する2つの基準

レコードの並べ替えは「昇順」、「降順」という2種類の基準で行われます。それぞれの基準を指定した際にデータがどのような順序で並ぶのかは、セルに入力されたデータの種類によって表のように異なります。

昇順と降順

データの種類	昇順（小さい順）	降順（大きい順）
数字	小 → 大	大 → 小
日付	古い → 新しい	新しい → 古い
英字	A → Z	Z → A
漢字・かな	五十音順※	五十音の逆順

五十音順にならない場合もある

漢字を含む文字列データは、シートに入力したときの読み情報をもとに並べ替えが行われます。

そのため、原則として五十音順になりますが、本来とは異なる読みから漢字に変換した場合は例外です。

また、Excel以外のアプリやシステムなどのデータをExcelに取り込んだ場合は、元から読み情報を持たないため、並べ替えを行っても同様に五十音順にはなりません。

Column

文字列を独自の順序で並べるには

文字列を入力するフィールドで、五十音順ではない独自の並び順を使いたい場合は、順序を表す番号をデータの先頭に付けるとよいでしょう。

この例では、「分類」フィールドのデータに番号を付けて「1_洋菓子」「2_和菓子」「3_贈答菓子」としています。これは、「洋菓子」「和菓子」「贈答菓子」のままだと、並べ替えた際に、「贈答菓子」が先頭に来てしまうのを防ぐためです。

あらかじめ連番の列を作っておく

データベース形式の表は、並べ替えを行うことを前提に作りましょう。並べ替えた表を、最初の並び順に戻す際には、「NO.」のような連番のフィールドが必要になるため、レコードの入力順に連続番号を入力したフィールドを必ず用意しておきます。

連番の列を後から追加する場合は、オートフィル操作を使えばすばやく作成できます。

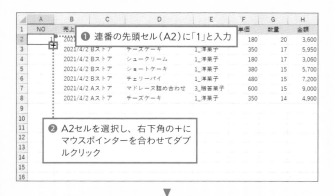

❶ 連番の先頭セル（A2）に「1」と入力

❷ A2セルを選択し、右下角の＋にマウスポインターを合わせてダブルクリック

▼

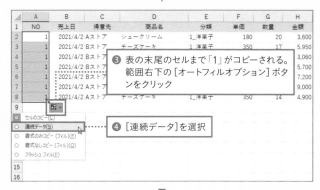

❸ 表の末尾のセルまで「1」がコピーされる。範囲右下の[オートフィルオプション]ボタンをクリック

❹ [連続データ]を選択

▼

❺「1」が連続番号に変わる

暗黙のワザ
30

売上金額の大きい
データから順に並べる

ワザレベル1
☺ ☺ ☺

1つの列を基準に表全体を並べ替える

「金額順」、「日付順」など、単独のフィールドを基準にして並べ替えを実行するには、基準となる列の任意のセルをクリックしてから、[データ]タブの[昇順]または[降順]のボタンをクリックします。

ここでは金額の高いものから順にレコードを並べ替えます。

「昇順」「降順」はボタンで選ぶ

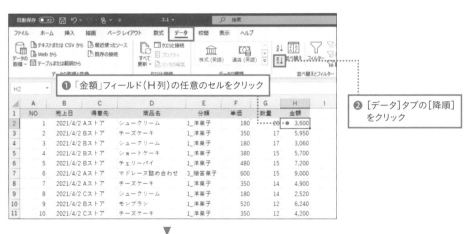

❶「金額」フィールド（H列）の任意のセルをクリック

❷ [データ]タブの[降順]をクリック

❸ 金額の降順でレコードが並べ替えられた

✐ 並べ替えの基準となる列内で右クリックして、[並べ替え]から[昇順]または[降順]を選択しても同様です。

商品ごとに
売上データを分類したい

ワザレベル2
☺ ☺ ☺

複数の列を基準にしてデータを並べ替える

並べ替えは、レコードの分類を目的として行う場合もあります。

例えば、売上データを商品ごとに確認するには、同じ商品のレコードを一箇所に集めるために並べ替えを実行します。加えて、同一商品のレコードは金額の高いものから並ぶようにすれば、各商品の売上を販売額の大きいものから確認できるようになり、実用的です。

さらに、「商品名」フィールドよりも上位の並べ替え基準として「分類」フィールドを指定すると、まず「洋菓子」、「和菓子」、「贈答菓子」という分類で表全体が並べ替えられ、それぞれの分類内には、該当する商品名が五十音順で並びます。さらに同じ商品の売上レコードは、金額の高いものから順に配置されます。

「分類」「商品名」「金額」の3レベルでの並べ替え

③ 同じ[商品名]では、「金額」の降順で並べ替え

① [分類]の降順で並べ替え

② 同じ[分類]では、「商品名」の昇順で並べ替え

このように並べ替えるには、

① 「分類」フィールドで「昇順」

② 「商品名」フィールドで「昇順」

③ 「金額」フィールドで「降順」

という3段階の並べ替えルールを設定し、一度に並べ替えを実行します。

このように、レコード数が多い表では、複数のフィールドを基準にして並べ替えを実行すると、データベースのレコードを分類して、探しやすい順に並べることができます。

［並べ替え］ダイアログボックスで複数フィールドの並べ替えを設定

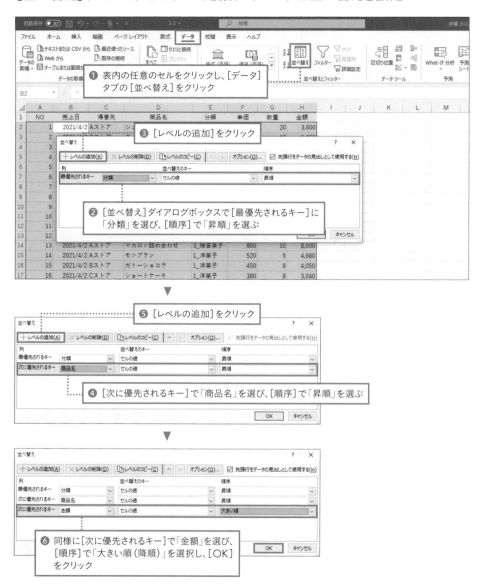

❶ 表内の任意のセルをクリックし、［データ］
タブの［並べ替え］をクリック

❸ ［レベルの追加］をクリック

❷ ［並べ替え］ダイアログボックスで［最優先されるキー］に
「分類」を選び、［順序］で「昇順」を選ぶ

❺ ［レベルの追加］をクリック

❹ ［次に優先されるキー］で「商品名」を選び、［順序］で「昇順」を選ぶ

❻ 同様に［次に優先されるキー］で「金額」を選び、
［順序］で「大きい順（降順）」を選択し、［OK］
をクリック

⛩ 手順❷～❻の操作を間違えたときは、［レベルの削除］をクリックす
るとルールを削除できます。また、［上へ移動］［下へ移動］をクリック
すると、ルールの優先順位を入れ替えられます。

フィルターや並べ替えに使う 表の構造

Excelでは、分析を目的として使う表のことを「データベース」と呼びます。
データベースとしてスムーズに使える表に必要な約束事を知っておきましょう。

■「データベース」は分析に使うための特別な表

Excelでは様々なレイアウトの表を作ることができますが、抽出、並べ替え、集計といった作業に利用する表を、一般の表と区別して「データベース」と呼んでいます。
データベース形式の表は、行と列の役割が決まっていて、レイアウトを変えることはできません。また、表を作る際にも守るべきルールがあります。フィルターや並べ替えをトラブルなく行うためには、データベースの構造や注意点を頭に入れておきましょう。

データベースの表の構造

データベースの表では、行を「レコード」、列を「フィールド」と呼びます。
「レコード」には1件のデータを1行にまとめて入力します。長くなるからといって、複数行に分けることはできません。下の例では、1レコードが1件の販売データになります。
「フィールド」には、同じ性質の内容を入力します。たとえば「商品名」フィールドには商品名だけを入力し、それ以外の内容を入力するのはNGです。フィールドの先頭には、その内容を表す「フィールド名」を指定します。

データベースの各部の名称

097

理想的なデータベースのレイアウトとは

データベース形式の表は、下の図のようにシートに配置するのが理想的です。このレイアウトなら、さまざまな分析機能を効率よく操作でき、トラブルの発生を避けることができます。

① フィールド名はシートの1行目に入力する

表の入力はA1セルから開始して、フィールド名を行番号「1」の行に入力するのがベストです。これは、Excelには、フィールド名がシートの先頭行に入力されていることを前提に操作する機能があり、フィールド名が1行目に存在しないと、それらの機能が使いづらくなるためです。

なお、フィールド名が空欄になったセルがあると、ピボットテーブルなど一部の機能でエラーになります。フィールド名は必ず入力しましょう。

② 1シートに複数の表を作らない

並べ替えやフィルターの操作を実行すると、シートの表示が行単位で変わります。そのため、1枚のシートに作成するデータベースは1つだけにしておかないと、これらの操作に支障が出ます。

③ 表に隣接するセルは空欄にする

行数や列数の多い表をドラッグ操作で選択するのはやっかいですね。そこでExcelでは、表内の任意のセルをクリックすれば、自動的にデータベース全体のセル範囲を認識する機能があります。ところが、隣接する行や列に余計なデータが入力されていると、この範囲の自動認識が働かなくなるため、手作業での範囲選択が必要になります。表に隣接するセル（図の1列と19行目）には何も入力せず、空欄にしておきましょう。

データベースの理想的なレイアウト

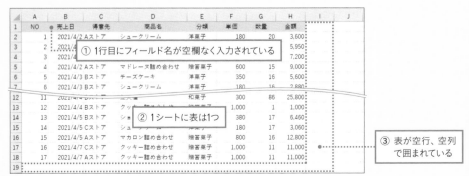

098

データベースで
セル結合は使わない

ワザレベル1

☺ ☺ ☺

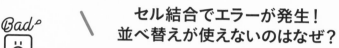

セル結合でエラーが発生!
並べ替えが使えないのはなぜ?

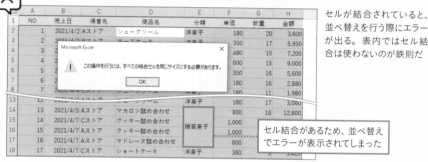

セルが結合されていると、並べ替えを行う際にエラーが出る。表内ではセル結合は使わないのが鉄則だ

セル結合があるため、並べ替えでエラーが表示されてしまった

セル結合で行と列の関係がおかしくなる

データベースの表では、行は「レコード」、列は「フィールド」となり、それぞれ役割が異なります。どの行や列でも個々のセルが独立した状態でないと、レコードとフィールドの関係が正しく機能しません。一部の機能でエラーが表示されたり、正確に集計できなくなったりするトラブルにつながるため、セル結合は一切使わないようにしましょう。

シート内のセル結合を一括解除

表内に結合されたセルがある場合は、次の操作でシートのすべてのセル結合を一度に解除できます。セル結合を解除すると、結合範囲の左上のセルだけにデータが残ります。残りのセルは空欄になるので、忘れずに必要なデータを入力しておきましょう。

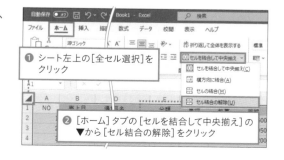

❶ シート左上の[全セル選択]をクリック

❷ [ホーム]タブの[セルを結合して中央揃え]の▼から[セル結合の解除]をクリック

暗黙のワザ
33

データベースには
空行を入れない

ワザレベル1

☺ ☺ ☺

空行で表が分断されたせいで
すべての商品が抽出できなくなってしまった！

Bad

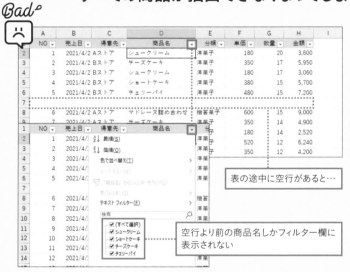

表の途中に空行がある
と、Excelはそれ以前の
行だけをデータベースの
範囲とみなすため、一部
の商品しか抽出できなく
なってしまう

表の途中に空行があると…

空行より前の商品名しかフィルター欄に
表示されない

▌ 空行で区切るとデータベースの範囲が終わる

P.098で紹介したように、Excelは、空の列や空の行で囲まれた範囲をデータベースの領域とみなします。そのため、1行空けて表を区切る癖がある人は要注意です。表の途中で空行を入れると、そこでデータベースが終了し、それより上の行だけがデータベースのレコードだと誤って認識されてしまうからです。

その結果、たとえば抽出を行うためにフィルター矢印をクリックすると、空行より上にあるレコードの内容だけがフィルターの項目欄に表示され、ごく一部の商品しか抽出できなくなります。データベース内には余分な空行を入れないよう注意しましょう。

表タイトルには
シート名を流用しよう

ワザレベル3
☺ ☺ ☺

シートにはデータベースだけ！
表タイトルはシート名で確認しよう

Bad
😞

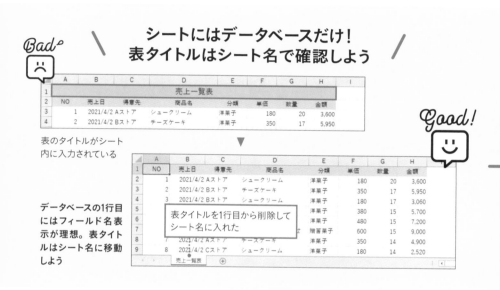

表のタイトルがシート
内に入力されている

データベースの1行目
にはフィールド名表
示が理想。表タイト
ルはシート名に移動
しよう

Good!
😊

表タイトルを1行目から削除して
シート名に入れた

データベースの表にタイトルは不要

表を作る際、当たり前のように1行目に表のタイトルを入力しがちです。通常の表なら問題はありません が、データベースは例外です。なぜなら、データベースの表は「1行目にフィールド名が表示されたレイアウト」が理想だからです（P.098参照）。

そこで活用したいのが「シート見出し」です。シート見出しを「Sheet1」のままにしていませんか？　データベースの表では、シート見出しを表のタイトルに変更して、1行目に入力したタイトルは削除しましょう。これでシートには、1行目からデータベースの内容が表示され、それ以外の余計な内容がなくなります。

表のタイトルは、シート見出しを見れば確認できます。また、印刷時には、P.102の手順でヘッダーにシート名を印刷できるので、表のタイトルが1行目に入力されていなくても不便はありません。

ヘッダーにシート名を印刷する

表のタイトルをシート見出しに入力した場合は、ヘッダーにシート名の内容を表示するよう設定すれば、表タイトルを印刷できます。

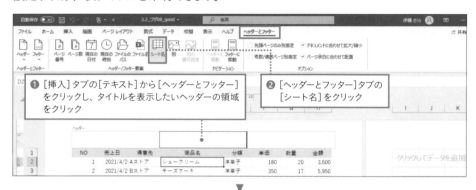

❶ [挿入] タブの [テキスト] から [ヘッダーとフッター] をクリックし、タイトルを表示したいヘッダーの領域をクリック

❷ [ヘッダーとフッター] タブの [シート名] をクリック

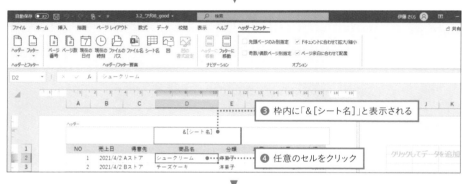

❸ 枠内に「&[シート名]」と表示される

❹ 任意のセルをクリック

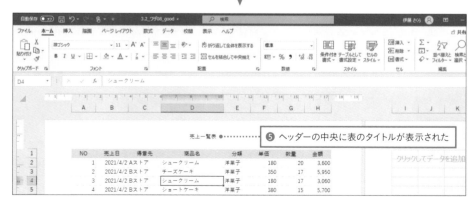

❺ ヘッダーの中央に表のタイトルが表示された

ヘッダーやフッターの入力時には、画面の表示モードが「ページレイアウト表示」に変わります。通常の「標準表示」に戻すには、[表示] タブの [標準ビュー] をクリックします。

1文字でも違えば
別商品

ワザレベル2
☺ ☺ ☺

全角・半角が異なると 別の商品になってしまう!?

Bad

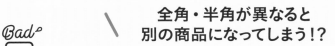

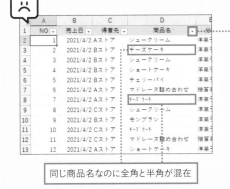

同じ商品名なのに全角と半角が混在

同じ商品名が全角と半角で入力されていると、別の項目として扱われてしまう

入力時の「表記揺れ」に注意

データベースにレコードを入力するとき、商品名、顧客名といった文字列のフィールドでは、「表記の揺れ」に注意が必要です。「表記の揺れ」とは、全角と半角、ひらがなとカタカナ、長音記号の有無、漢字とかな、のように表現の細部が統一されていないトラブルのことです。

次のような例が同じフィールドのセルに混在するのを皆さんも見たことがあるでしょう。

- 「**チーズケーキ**」と「ﾁｰｽﾞ ｹｰｷ」
- 「**詰め合わせ**」と「**詰合せ**」
- 「**ストアー**」と「**ストア**」 など

文字列を手作業で入力すると、どうしてもこういった表現のバラつきが生じます。これを放置しておくと、同じ商品や得意先なのに別の内容とみなされ、抽出や集計の際に正しい結果が出なくなります。データの管理を考える上で、表記揺れは必ず修正が必要です。

半角の商品名を全角に置き換える

表記揺れがあるフィールドは、「置換」機能を使って表現のばらつきを統一しましょう。「置換」を利用すると、指定した文字を別の文字に一括で変更できます。

ここでは、半角の「ﾁｰｽﾞｹｰｷ」を全角の「チーズケーキ」に統一しましょう。

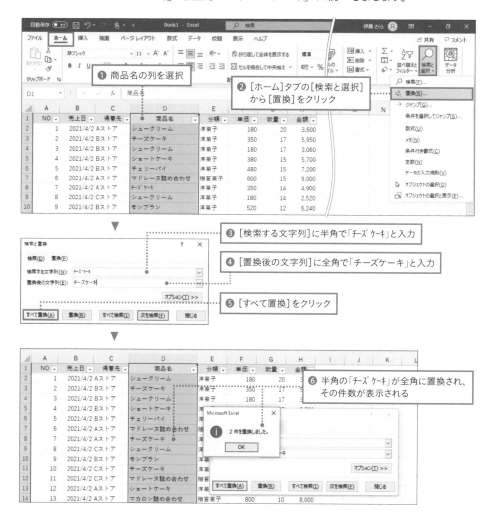

① 商品名の列を選択

② [ホーム]タブの[検索と選択]から[置換]をクリック

③ [検索する文字列]に半角で「ﾁｰｽﾞｹｰｷ」と入力

④ [置換後の文字列]に全角で「チーズケーキ」と入力

⑤ [すべて置換]をクリック

⑥ 半角の「ﾁｰｽﾞｹｰｷ」が全角に置換され、その件数が表示される

手順①であらかじめ表記揺れを統一したいセル範囲を選択しておくと、その部分だけを対象に置換が実行されます。データ量の多いシートでは効率的です。

スペースで
字下げを行わない

ワザレベル2
☺ ☺ ☺

Bad 😞

先頭に空白文字が入力されていると
別商品になってしまう！

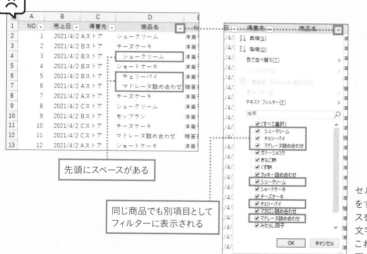

先頭にスペースがある

同じ商品でも別項目として
フィルターに表示される

セル内で項目の位置
をずらすためにスペー
スを入力すると、空白
文字が挿入される。
これも表記揺れの原
因になるのでNG

■「文字」である空白を字下げのために入力しない

縦一列に並んだ項目の頭の位置を変更しようとして、文字列の先頭で［スペース］キーを押す人を見かけます。たしかに［スペース］キーを押すと、データの先頭は右へ移動しますが、それは空白文字が挿入されたからです。空白は目に見えませんが、れっきとした文字なので、空白を含むセルと含まないセルとでは、同じ商品名が入力されていても別項目として認識されてしまいます。

抽出や集計を行った際に正しい結果が出なくなるのを防ぐためには、セル内に含まれる余分な空白文字を削除しておきましょう。

セルに含まれる空白文字を置換で一括削除する

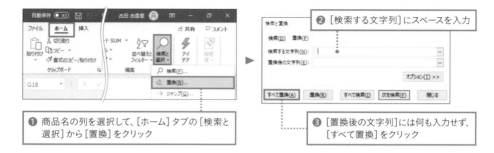

❶ 商品名の列を選択して、[ホーム] タブの [検索と
選択] から [置換] をクリック

❷ [検索する文字列] にスペースを入力

❸ [置換後の文字列] には何も入力せず、
[すべて置換] をクリック

「インデント」機能を使って字下げする

セル内で文字列データの先頭位置を下げたい場合は、「インデント」を使いましょう。イン
デントは、セルの端から文字までの間を空ける機能です。[ホーム] タブの [インデントを
増やす] をクリックすると、1回クリックするたびに1文字分ずつデータの先頭が右へ移動し
ます。この方法なら余計な空白は挿入されません。

次の例では、「関東地区」や「関西地区」の下にあるそれぞれの支店名に1文字分の字
下げするインデントを設定します。

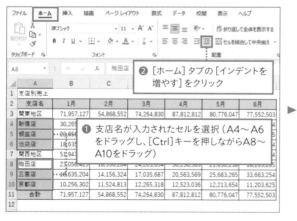

❷ [ホーム] タブの [インデントを
増やす] をクリック

❶ 支店名が入力されたセルを選択（A4〜A6
をドラッグし、[Ctrl] キーを押しながらA8〜
A10をドラッグ）

❸ 支店名のセルの先頭位置が
字下げされた

設定したインデントを解除するには、
[インデントを減らす] をクリックします。

37

同じ商品や得意先は
入力済みデータから選ぶ

ワザレベル1

☺ ☺ ☺

「入力済みのデータ」をクリックしてセルに取り込む

表記揺れを防ぐためには、日頃からレコードを入力する時点で、ばらつきが生じないような
入力のしかたを心がけましょう。文字列のフィールドでは、過去に入力したのと同じ項目を
入力する際、次のように操作をすれば、入力済みデータのリストから選ぶだけでセルにそ
の内容をコピーできます。

「フィールドで既出」のデータは選んで入力

	A	B	C	D	E	F	G	H
2161	2160	2021/6/30	Bストア	チーズケーキ	洋菓子	350	7	2,450
2162	2161	2021/6/30	Cストア	マドレーヌ詰め合わせ	焼菓子	600	7	4,200
2163	2162	2021/6/30	Bストア	モンブラン	洋菓子	520	6	3,120
2164	2163	2021/6/30	Bストア	マドレーヌ詰め合わせ	焼菓子	600	6	3,600
2165	2164	2021/6/30	Cストア	ガトーショコラ	洋菓子	450	5	2,250
2166	2165	2021/6/30	Aストア	ガトーショコラ	洋菓子	450	4	1,800
2167	2166	2021/6/30	Cストア	チーズケーキ	洋菓子	350	4	1,400
2168	2167	2021/6/30	Bストア	クッキー詰め合わせ	焼菓子	1,000	2	2,000
2169	2168	2021/6/30	Bストア	みたらし団子	和菓子	250	40	10,000
2170	2169	2021/6/30	Cストア	みたらし団子				
2171	2170	2021/7/1						
2172								

❶ C列の「得意先」フィールドで新しいセルを選択し、
[Alt]キーを押しながら[↓]キーを押す

▼

	A	B	C	D	E	F	G	H
2167	2166	2021/6/30	Cストア	チーズケーキ	洋菓子	350	4	1,400
2168	2167	2021/6/30	Bストア	クッキー詰め合わせ	焼菓子	1,000	2	2,000
2169	2168	2021/6/30	Bストア	みたらし団子	和菓子	250	40	10,000
2170	2169	2021/6/30	Cストア	みたらし団子	和菓子	250	23	5,750
2171	2170	2021/7/1						
2172			Aストア					
2173			Bストア					
2174			Cストア					

❷ C列で過去に入力された得意先名のリストが表示される

▼

❸ [↓]キーを押して項目を選択し、[Enter]キーを押すと、
その得意先を入力できる

既出のデータのリストが表示されるのは、文字列のフィールドで、なおかつ入力済み
レコードのすぐ下の行のセルを選択した場合です。数値や日付のフィールドでは、既出デー
タのリストは表示されません。

38

「集計行」でレコードの追加に 対応した合計を求める

ワザレベル2
☺ ☺ ☺

関数よりも効率的！ データベースは「集計行」で合計しよう

Good!

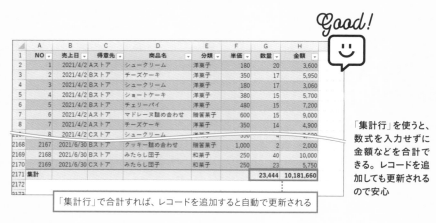

「集計行」を使うと、数式を入力せずに金額などを合計できる。レコードを追加しても更新されるので安心

「集計行」で合計すれば、レコードを追加すると自動で更新される

■ データベースは「レコードの追加」を考慮して集計する

表で合計を求めるには、SUM関数の式を入力して、数量や金額が入力されたセル範囲を指定するのが一般的な方法ですね。ただし、データベースの場合、レコード件数が多いと対象のセルも広範囲になるため引数指定が大変です。また、新たな売上が発生してレコードを追加すると、関数の引数に指定したセル範囲も修正が必要になります。頻繁にレコードが追加されるデータベースでは、この修正の頻度も高くなるため、編集作業に手間がかかります。

そこで利用したいのが「集計行」です。「集計行」とは、表の最下行に集計専用の行を追加して、合計やデータ件数などを求める機能のことです。集計行を使うと、数式を入力せずにフィールドの合計などを求めることができ、レコードの追加時には、計算結果が自動で更新されます。

データベースに集計行を追加する

集計行を利用するには、データベースの表をあらかじめテーブルに変換しておく必要があります。テーブルに変換する手順については、P.159を参照してください。

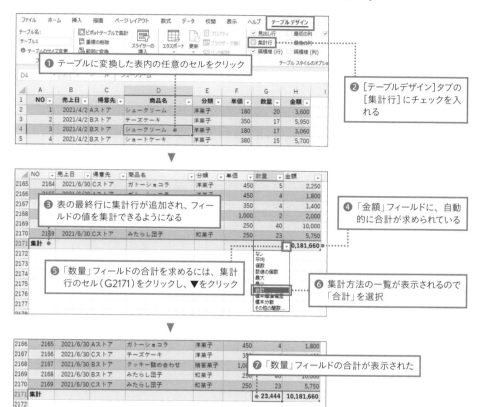

❶ テーブルに変換した表内の任意のセルをクリック

❷ [テーブルデザイン]タブの[集計行]にチェックを入れる

❸ 表の最終行に集計行が追加され、フィールドの値を集計できるようになる

❹ 「金額」フィールドに、自動的に合計が求められている

❺ 「数量」フィールドの合計を求めるには、集計行のセル（G2171）をクリックし、▼をクリック

❻ 集計方法の一覧が表示されるので「合計」を選択

❼ 「数量」フィールドの合計が表示された

手順❻では「平均」や「数値の個数」など、合計以外の集計方法を選ぶこともできます。また、表示した集計を削除するには、「なし」を選びます。

Column

レコードの追加と計算結果の更新方法

データベースにレコードを追加するときには、手順❷の［集計行］のチェックを外して、集計行を非表示にします。その後、必要なレコードを表の最下行に追加してから、再度［集計行］にチェックを入れると、集計行が再び表示され、集計結果も更新されます。

暗黙のワザ
39

指定した商品や得意先の
合計を求めたい

ワザレベル2
☺ ☺ ☺

フィルターで抽出すると
集計行の合計も自動で変わる

Good!
☺

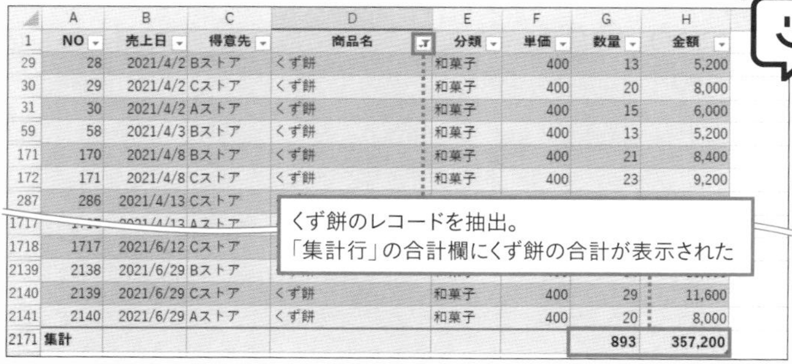

	A	B	C	D	E	F	G	H
1	NO	売上日	得意先	商品名	分類	単価	数量	金額
29	28	2021/4/2	Bストア	くず餅	和菓子	400	13	5,200
30	29	2021/4/2	Cストア	くず餅	和菓子	400	20	8,000
31	30	2021/4/2	Aストア	くず餅	和菓子	400	15	6,000
59	58	2021/4/3	Bストア	くず餅	和菓子	400	13	5,200
171	170	2021/4/8	Bストア	くず餅	和菓子	400	21	8,400
172	171	2021/4/8	Cストア	くず餅	和菓子	400	23	9,200
287	286	2021/4/13	Cストア					
1717		2021/4/13	Aストア					
1718	1717	2021/6/12	Cストア	くず餅				
2139	2138	2021/6/29	Bストア					
2140	2139	2021/6/29	Cストア	くず餅	和菓子	400	29	11,600
2141	2140	2021/6/29	Aストア	くず餅	和菓子	400	20	8,000
2171	集計						893	357,200

くず餅のレコードを抽出。
「集計行」の合計欄にくず餅の合計が表示された

集計行で表示した合計は、フィルターを実行すると、抽出結果の合計に自動で変わる

■ ワザ① 集計行でフィルターを実行する

「全商品の総合計ではなく、特定の商品だけの合計金額が知りたい」。こんなとき、集計行が表示された表では、抽出を実行するだけで、その商品や得意先の売上合計を求められます。

集計行で「数量」や「金額」フィールドの合計を求めると（P.108参照）、すべてのレコードを対象にした合計が表示されます。その後、フィルター機能を使ってレコードを抽出すると、集計行に表示された合計は、抽出されたレコードだけを対象にした値に自動的に変わります。集計行では、合計以外に平均やデータの個数を求めることもできますが、合計以外の集計についても同様です。

上の図では、商品名が「くず餅」であるレコードを抽出したので、「数量」フィールドと「金額」フィールドの集計行には、くず餅の合計が表示されています。

■ ワザ② SUMIF関数で特定商品の数量や金額を合計する

フィルターや集計行の機能を使わずに、指定したセルに特定商品の数量や金額の合計を求めるには、SUMIF関数を利用します。

下の図では、K2セルにSUMIF関数の式を入力して、J2セルに入力した商品（ここでは「シュークリーム」）の売上金額の合計を求めています。なお、J2セルの商品名を変更すると、別の商品の金額合計が同様に表示されます。

任意のセルに特定商品の金額を合計したい

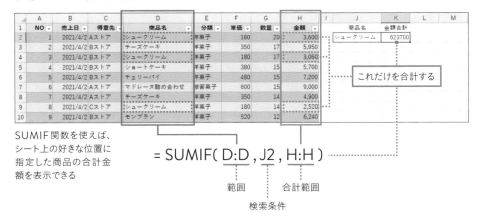

SUMIF関数を使えば、シート上の好きな位置に指定した商品の合計金額を表示できる

SUMIF関数の指定内容を確認する

SUMIF関数は、「範囲」、「検索条件」、「合計範囲」の3つの引数を指定して、データベース形式の表から、指定した条件を満たすレコードだけを対象に金額などの合計を求める関数です。

引数「範囲」には条件を検索するフィールドを指定し、その条件内容を「検索条件」に指定します。ここでは、「商品名」フィールドのD列を引数「範囲」に、対象となる商品名が入力されたJ2セルを「検索条件」にそれぞれ指定しています。最後の引数「合計範囲」には、合計を求めたい数値データのフィールドを指定するため、「金額」フィールドのH列を指定します。

なお、データベースにレコードを追加した場合に引数のセル範囲を修正しなくてもすむように、引数「範囲」と「合計範囲」は、最初から列全体を範囲指定するのがポイントです。

SUMIF関数の式を入力する

❶ K2セルに「=SUMIF(」と入力し、「Fx」をクリック

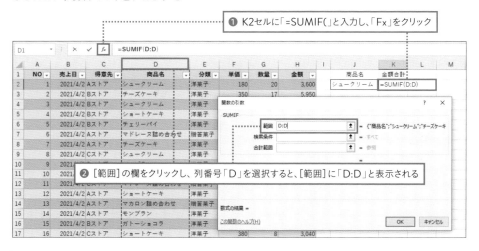

❷ [範囲]の欄をクリックし、列番号「D」を選択すると、[範囲]に「D:D」と表示される

💡 手順❶で関数を入力する基本手順については、P.134を参照。

▼

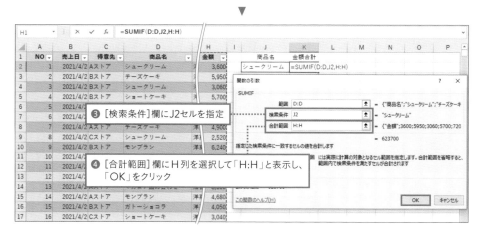

❸ [検索条件]欄にJ2セルを指定

❹ [合計範囲]欄にH列を選択して「H:H」と表示し、「OK」をクリック

💡 引数「範囲」と「合計範囲」は、「D2:D2170」、「H2:H2170」とセル範囲で指定してもかまいません。ただしこの2つの引数は形式を揃える必要があります。例えば、「範囲」を列単位で指定した場合は、「合計範囲」も列単位で指定します。片方をセル番地、もう片方を列単位のように異なる形式で指定すると、正しく集計できなくなるので注意が必要です。

全商品の売上を
商品別にすばやく集計したい

ワザレベル3
☺ ☺ ☺

商品別に売上を集計した
一覧表がほしい！

Good!

データベースをもとにピボット
テーブルを作成

ピボットテーブルを使うと、売上データの金額を商品ごとにまとめてすばやく合計できる

▌グループ化して集計するならピボットテーブル

単独の商品の金額を求めるのではなく、全商品を対象にして、商品ごとに金額を合計した
一覧表がほしい場合は、「ピボットテーブル」が便利です。
「ピボットテーブル」とは、データベース形式の表を元にして、「項目見出しにするフィール
ド」や「集計する数値のフィールド」を選んでレイアウトを指定すると、新規シートに集計
表を作成できる機能です。数式や関数を使う必要がなく、ほぼドラッグ操作だけで正確な
集計表が完成します。

ピボットテーブルを作成する

商品別に金額を集計するには、縦方向の見出しに「商品名」フィールドを、集計する対象に「金額」フィールドを指定して、ピボットテーブルを作成します。

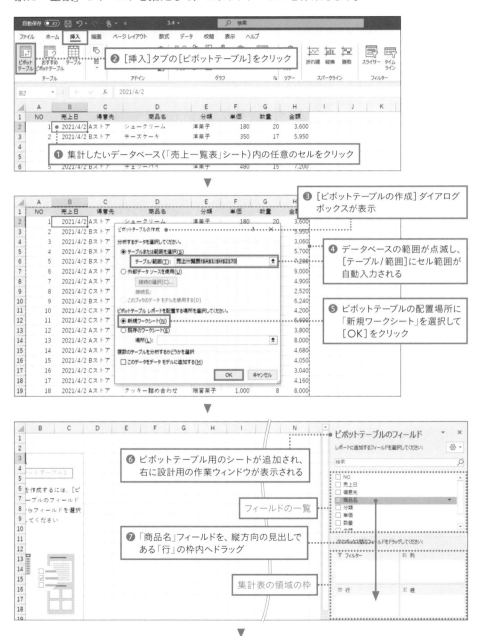

❷ [挿入]タブの[ピボットテーブル]をクリック

❶ 集計したいデータベース（「売上一覧表」シート）内の任意のセルをクリック

❸ [ピボットテーブルの作成]ダイアログボックスが表示

❹ データベースの範囲が点滅し、[テーブル/範囲]にセル範囲が自動入力される

❺ ピボットテーブルの配置場所に「新規ワークシート」を選択して[OK]をクリック

❻ ピボットテーブル用のシートが追加され、右に設計用の作業ウィンドウが表示される

フィールドの一覧

❼ 「商品名」フィールドを、縦方向の見出しである「行」の枠内へドラッグ

集計表の領域の枠

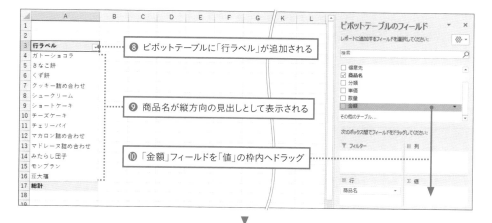

⑧ ピボットテーブルに「行ラベル」が追加される

⑨ 商品名が縦方向の見出しとして表示される

⑩ 「金額」フィールドを「値」の枠内へドラッグ

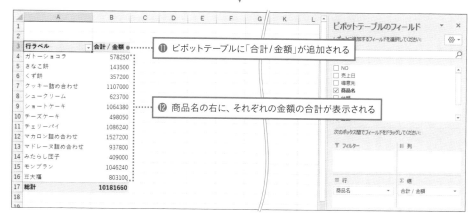

⑪ ピボットテーブルに「合計 / 金額」が追加される

⑫ 商品名の右に、それぞれの金額の合計が表示される

🔔 フィールドを間違えて追加してしまった

フィールドを間違えて追加した場合は、右の作業ウィンドウ下にある枠内のフィールドのボタンを枠の外へドラッグすると削除できます。

🔔 桁区切りのカンマを表示したい

合計金額に桁区切りのカンマを表示するには、金額が表示されたセル（B4からB17）を選択し、［ホーム］タブの［桁区切りスタイル］をクリックします。

レコードの追加後にピボットテーブルを更新する

ピボットテーブルの集計結果は、自動では更新されません。データベースのシートにレコードを追加した場合は、次の手順でピボットテーブルを最新状態にする必要があります。

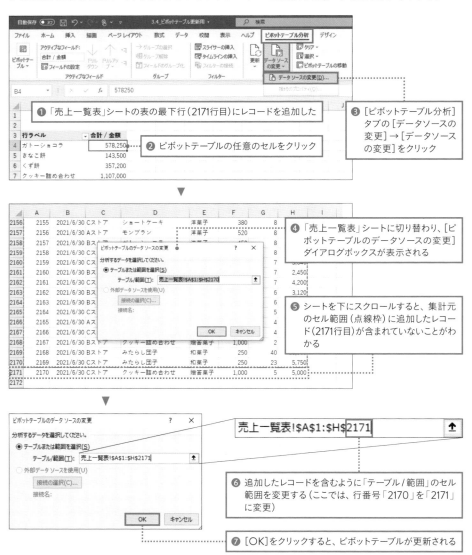

❶「売上一覧表」シートの表の最下行（2171行目）にレコードを追加した

❷ ピボットテーブルの任意のセルをクリック

❸［ピボットテーブル分析］タブの［データソースの変更］→［データソースの変更］をクリック

❹「売上一覧表」シートに切り替わり、［ピボットテーブルのデータソースの変更］ダイアログボックスが表示される

❺ シートを下にスクロールすると、集計元のセル範囲（点線枠）に追加したレコード（2171行目）が含まれていないことがわかる

❻ 追加したレコードを含むように「テーブル / 範囲」のセル範囲を変更する（ここでは、行番号「2170」を「2171」に変更）

❼［OK］をクリックすると、ピボットテーブルが更新される

既存のレコードのデータの一部を変更した場合は、集計元のセルの範囲は変わらないため、ピボットテーブル内で右クリックして、［更新］をクリックするだけで、ピボットテーブルを最新状態にすることができます。

116

第 **4** 章

絶対に定時で終わらせる！

暗黙の
時間短縮ワザ

Excel 作業にかかる時間を見直してみませんか。
仕事を早く終わらせるために省けるムダが
この章ではきっと見つかります。

書式設定には［F4］キーや 書式コピーを活用する

ワザレベル1
☺ ☺ ☺

同じ書式は何度も設定したくない

「項目見出しのセルには塗りつぶしを設定し、文字を中央揃えにする。」表を作るときには、こういった定番の書式設定があります。頻度が高い操作を繰り返すのをやめれば、時短の効果も大きくなるため、書式設定では、次の2つのテクニックを活用しましょう。

・セルの塗りつぶし
・中央揃え

表に欠かせない見出しなどの書式設定は、できるだけ短時間で終わらせよう

ワザ① 「繰り返し」のショートカットキーを使う

［F4］キーを押すと、直前に行った操作が繰り返し実行されます。たとえば、複数の項目見出しに「中央揃え」を設定する場合、最初のセル範囲を選んで［ホーム］タブの［中央揃え］をクリックしたら、その後は、セルを選択して［F4］キーを押す操作を繰り返すと、すばやく設定できます。

ワザ② ［書式のコピー / 貼り付け］で書式をコピーする

「セルの塗りつぶしを青にする」、「文字を中央揃えにする」といった複数の書式を1つのセルに設定した場合は、［書式のコピー / 貼り付け］を使うと、2種類の書式をまとめて他のセルにも適用できます。コピーしたい書式が複数あるときに便利です。

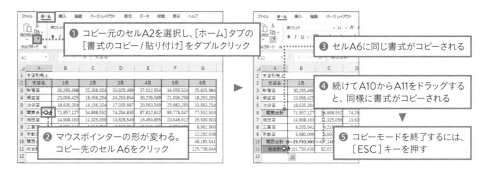

❶ コピー元のセルA2を選択し、[ホーム]タブの[書式のコピー / 貼り付け]をダブルクリック

❷ マウスポインターの形が変わる。コピー先のセル A6をクリック

❸ セルA6に同じ書式がコピーされる

❹ 続けてA10からA11をドラッグすると、同様に書式がコピーされる

❺ コピーモードを終了するには、[ESC]キーを押す

複数セルに
同じデータを一括入力する

ワザレベル2
☺ ☺ ☺

■「同じデータの入力」をやめる

同一の商品名などを複数のセルに入力するときに、キーボードからの入力を繰り返したり、「コピー」、「貼り付け」を続けて実行していませんか。これには次の2つのテクニックを活用しましょう。

ワザ① 同じデータを複数セルに一括入力する

通常、セルに入力したデータを確定するには、[Enter]キーを押しますが、あらかじめ複数のセルを選択しておき、最初のセルに入力したデータを確定するときに、[Ctrl]キーを押しながら[Enter]キーを押せば、選択しておいたすべてのセルに同じデータを一括入力できます。

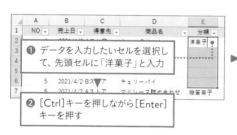
❶ データを入力したいセルを選択して、先頭セルに「洋菓子」と入力
❷[Ctrl]キーを押しながら[Enter]キーを押す

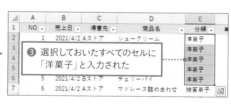
❸ 選択しておいたすべてのセルに「洋菓子」と入力された

ワザ② 上のセルのデータをそのままコピーする

データベースで直前のレコードと同じ内容を入力するフィールドでは、上のセルと同じ内容を入力します。このとき[Ctrl]+[D]というショートカットキーを使うと、1つ上のセルのデータを瞬時にコピーできます。

❶ 入力するセルを選択し、[Ctrl]キーを押しながら[D]キーを押す
❷ 上のセルと同じデータが入力された

暗黙のワザ
43

関連情報はコード番号から自動で入力する

ワザレベル3
☺ ☺ ☺

商品コードを入力したら、商品名や単価が自動で表示されると便利

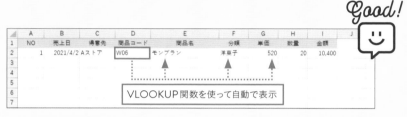

Good!
☺

VLOOKUP関数を使えば、商品コードを入力するだけで、別の表から検索された商品名や単価が自動で表示される仕組みを作れる

■ VLOOKUP関数で商品情報を検索して表示する

売上のレコードを入力するとき、手元の商品一覧表を見ながら、「商品名」や「単価」のデータを手作業で入力していませんか。VLOOKUP関数を使えばこの作業を自動化できます。関連情報の入力を自動化すれば、入力の手間が減るだけでなく、入力ミスをなくして正確なデータを管理するメリットにもつながります。

VLOOKUP関数で商品名を転記する仕組み

「商品コード」を入力したら、「商品名」フィールドに該当するデータが自動で転記されるまでの流れは次のページの図のようになります。

E2セルに図のようなVLOOKUP関数の式を入力すると、D2セルの商品コード「W06」が「商品リスト」シートの一覧表で検索されます。具体的には、左端の「商品コード」の列を上から順に照合し、「W06」が見つかったら、同じ行の2列目にある「商品名」フィールドのデータが返され、セルには戻り値が「モンブラン」と表示されます。

VLOOKUP関数で商品名が自動表示される仕組み

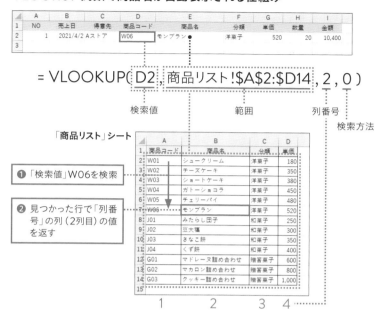

$$= \text{VLOOKUP}(\underbrace{D2}_{\text{検索値}}, \underbrace{\text{商品リスト!}\$A\$2:\$D14}_{\text{範囲}}, \underbrace{2}_{\text{列番号}}, \underbrace{0}_{\text{検索方法}})$$

「商品リスト」シート

❶「検索値」W06を検索

❷ 見つかった行で「列番号」の列（2列目）の値を返す

VLOOKUP関数の引数を理解する

VLOOKUP関数には、「検索値」、「範囲」、「列番号」、「検索方法」という4つの引数があります。それぞれの引数の役割と、ここでの指定方法を見てみましょう。

「検索値」には、検索に使うコード番号が入力されたセル（D2）を指定し、「範囲」には、転記したい情報の参照元となる表のセル範囲（シート「商品リスト」のA2からD14まで）を指定します。なお、VLOOKUP関数の式を下のセルにコピーしたときに参照先が移動しないよう、「範囲」は絶対参照（P.129参照）で指定するのがポイントです。また、検索に使う商品コードは、「範囲」の表の1列目に入力しておくルールがあります。

「列番号」には、転記したい情報が「範囲」の表の何列目に入力されているのかを、左から数えた数字で指定します。たとえば商品名なら2列目なので「2」となります。

最後の引数「検索方法」には、情報の探し方を指示します。完全に一致するコード番号だけを検索するなら「FALSE」または「0」と入力し、そうでない場合は「TRUE」と入力します。この例のように商品コードで検索する場合は、1文字でも異なると別の商品を指してしまうため、完全一致での検索になります。そのため、「0」と指定しています。

VLOOKUP関数の式を入力する

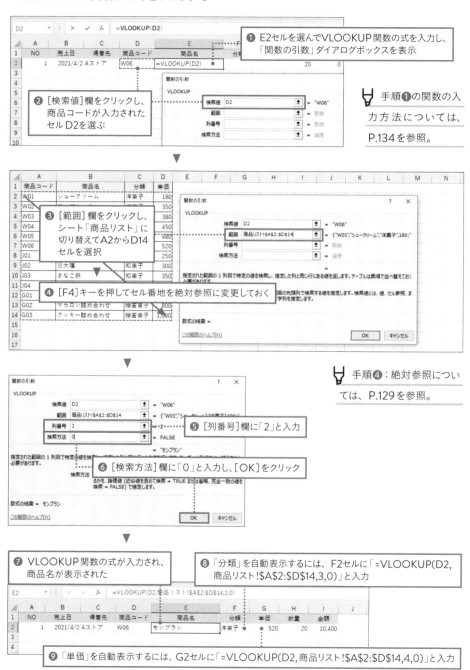

❶ E2セルを選んでVLOOKUP関数の式を入力し、「関数の引数」ダイアログボックスを表示

手順❶の関数の入力方法については、P.134を参照。

❷ [検索値]欄をクリックし、商品コードが入力されたセルD2を選ぶ

❸ [範囲]欄をクリックし、シート「商品リスト」に切り替えてA2からD14セルを選択

❹ [F4]キーを押してセル番地を絶対参照に変更しておく

手順❹：絶対参照については、P.129を参照。

❺ [列番号]欄に「2」と入力

❻ [検索方法]欄に「0」と入力し、[OK]をクリック

❼ VLOOKUP関数の式が入力され、商品名が表示された

❽ 「分類」を自動表示するには、F2セルに「=VLOOKUP(D2,商品リスト!$A$2:$D$14,3,0)」と入力

❾ 「単価」を自動表示するには、G2セルに「=VLOOKUP(D2,商品リスト!$A$2:$D$14,4,0)」と入力

項目の入れ替えは
ドラッグ操作で直感的に

ワザレベル1

😊 😊 😊

選択して切り取ってコピペして…
項目の入れ替えって手間がかかりすぎる！

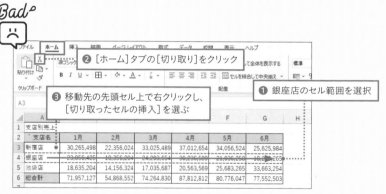

銀座店のデータを新宿店の上に移動したいが、「切り取り」だと手順が多くて効率が悪い

■「切り取り」で移動するのはまどろっこしい

表の項目を後から入れ替えるには、「切り取り」を使う操作が主流です。たとえば、Badの例で銀座店のデータを新宿店の上に移動するには、まず銀座店のセル範囲（A4からG4）を選択して（❶）、［ホーム］タブの［切り取り］をクリック（❷）。その後、移動先である新宿店の先頭セル（A3）を右クリックして［切り取ったセルの挿入］を選ぶ必要があります（❸）。実際に操作してみると、すぐ近くのセルに移動するためだけに、2回もコマンドを選択するのが煩わしく感じられます。

近距離のセルならドラッグで入れ替えよう

セル範囲は、[Shift] キーを押しながらドラッグすれば移動できます。移動先のセルが近い場合は、この方が直感的で手早く操作できるので便利です。「移動先のセルが遠い場合は、『切り取り』コマンドを利用」、「近くの場合はドラッグ操作」と使い分けると効率的です。

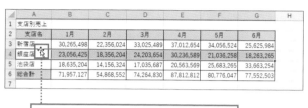

❶ 銀座店のデータのセル（A4からG4）を選択し、選択範囲の枠線にマウスを合わせる

▼

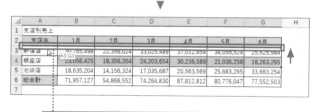

❷ [Shift] キーを押しながら新宿店の上までドラッグ。ドラッグ中は移動先を示す太線が表示される

▼

❸ ドラッグを終え、[Shift] キーから指を離すと、銀座店が新宿店より上に移動する

𝒞𝑜𝑙𝑢𝑚𝑛

ドラッグで項目をコピーする

手順❷で、[Shift] キーに加えて [Ctrl] キーを同時に押しながら銀座店のデータを新宿店の上までドラッグすると、銀座店のコピーがドラッグ先に作成されます（手順❸で、新宿店の上に、元の銀座店のデータとは別に銀座店の行がもうひとつ表示されます）。これは、コピーした内容の一部を書き換えてよく似た項目を追加したいときに便利な方法です。

罫線は1種類しか使わない

ワザレベル1
☺ ☺ ☺

何種類もの罫線を使うと修正が大変！

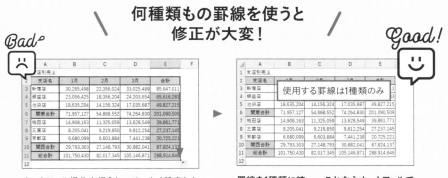

オートフィル操作を行うと、せっかく設定した罫線の書式が崩れてしまった

罫線を1種類に統一。これならオートフィルでも書式が崩れず、修正の手間がはぶける

「罫線は1種類だけ」と割り切ろう

Excelの表では、罫線は1種類に統一しましょう。なぜなら、複数の罫線を使い分けていても、表内の数式をコピーしたときに、コピー元セルの罫線で上書きされてしまうからです。上書きされた罫線は、元に戻せますが、コピーのたびに罫線を修正するのは時間のロスになります。表に罫線を設定するときは、次の手順で「格子」の罫線を選び、表全体に細い実線を一括で引きましょう。

表全体に「格子」の罫線を設定する

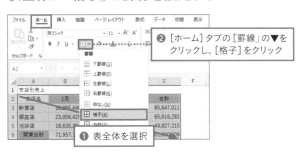

❷ [ホーム] タブの [罫線] の▼をクリックし、[格子] をクリック

❶ 表全体を選択

コピーで上書きされた罫線を元に戻すには、オートフィル操作の直後に表示される [オートフィルオプション] をクリックし、[書式なしコピー（フィル）] を選択します。オートフィルオプションについては、P.093を参照してください。

━━━━━━━━━━━ 解説 ━━━━━━━━━━━

罫線は必須ではない

罫線は必ず設定しなければいけないと思い込んでいませんか？
作業に支障がなければ、罫線の設定は省略できます。

■「罫線なし」でも画面上では困らない

そもそも罫線は何のために設定するのかというと、表の行や列を見やすくするためです。ところが、シートにはセルの枠線が表示されているので、画面を見ながら表を編集する分には、罫線がなくても行や列の位置は確認できます。特に不自由を感じなければ、罫線は省略してもかまいません。特に、データベースの表では、行数や列数が多いことや、レコードの追加後に修正が必要なことから、罫線の設定は省略されることが一般的です。

なお、セルの枠線が表示されていないシートでは、[ページレイアウト] タブの [枠線] の [表示] にチェックを入れると表示されます（下の図参照）。

印刷時にも「セルの枠線」で代用できる

印刷時には、罫線がないと困りますね。罫線を設定していない表を印刷すると、表内の文字や数値などデータだけが印刷されてしまうからです。そこで、データベースなど、日常的に罫線を設定しない表を印刷するときには、セルの枠線を印刷すれば、一時的に罫線の代わりにすることができます。見た目は、表全体に細い実線の罫線を引いた場合とほぼ同じになります。

❶ [ページレイアウト]タブの[枠線]の [印刷]にチェックを入れる

❷ 印刷を実行すると、セルの枠線が印刷される

── **4.3** 数式は正しい作法でコピーする ──

構成比の数式を
エラーにせずにコピーする

ワザレベル2
☺ ☺ ☺

構成比をコピーしたら「#DIV/0!」と 表示されてしまった！　なぜ？

Bad
☹

	A	B	C	D	E	F	G	H
1	支店別売上							
2	支店名	1月	2月	3月	合計	構成比		
3	新宿店	30,265,498	22,356,024	33,025,489	85,647,011	33%		
4	銀座店	23,056,425	18,356,204	24,203,654	65,616,283	#DIV/0!		
5	池袋店	18,635,204	14,156,324	17,035,687	49,827,215	#DIV/0!		
6	立川店	10,256,302	11,524,813	12,265,318	34,046,433	#DIV/0!		
7	町田店	8,350,124	8,254,856	9,301,548	25,906,528	#DIV/0!		
8	合計	90,563,553	74,648,221	95,831,696	261,043,470	#DIV/0!		
9								

構成比を求めた数式を
コピーするとエラーに
なってしまう

コピーするとエラー
値が表示された！

▌エラーになるのは相対参照でセル番地が移動するため

売上構成比は、支店や商品の売上が売上全体の何%を占めるのかを求める計算で、「対象となる金額÷全体の金額」という式で求めます。

Bad図でF3セルに新宿店の構成比を求めるには、「=E3/E8」と数式を入力して、新宿店の売上合計（E3）を全店の売上合計（E8）で割り算します。結果は「33%」となり、一見問題はなさそうですが、この数式を下のセルにコピーするとエラーになってしまいます。

その理由は「相対参照」です。コピーした数式の中では、参照しているセル番地も同じ方向に移動するため、次ページの図のように、1行下がるたびに数式内のセル番地も1行ずつ下に移動します。参照セルが下に移動した結果、E8より下の空欄のセルで割り算しようとして、エラーが表示されてしまったわけです。ところが、「全体の売上」のセルは常にE8なので、どの数式でもこのE8セルで割り算しなければ、構成比は正しく求められません。そこで、E8セルを「絶対参照」に変更する必要があります。

📌 エラー値「#DIV/0!」の意味については
P.037を参照してください。

📌 相対参照、絶対参照については
P.129を参照してください。

エラー値が表示されたセルの数式

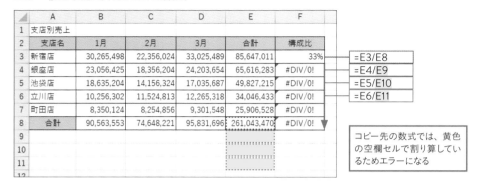

	A	B	C	D	E	F
1	支店別売上					
2	支店名	1月	2月	3月	合計	構成比
3	新宿店	30,265,498	22,356,024	33,025,489	85,647,011	33%
4	銀座店	23,056,425	18,356,204	24,203,654	65,616,283	#DIV/0!
5	池袋店	18,635,204	14,156,324	17,035,687	49,827,215	#DIV/0!
6	立川店	10,256,302	11,524,813	12,265,318	34,046,433	#DIV/0!
7	町田店	8,350,124	8,254,856	9,301,548	25,906,528	#DIV/0!
8	合計	90,563,553	74,648,221	95,831,696	261,043,470	#DIV/0!
9						
10						
11						
12						

=E3/E8
=E4/E9
=E5/E10
=E6/E11

コピー先の数式では、黄色の空欄セルで割り算しているためエラーになる

構成比を正しく求められるように数式を修正する

売上構成比を正しく求めるには、すべての支店において「各支店の売上金額÷全体の売上金額（E8セル）」となる数式を入力する必要があります。
そこで、セル番地E8が移動しないよう「絶対参照」に変更してから、数式をコピーします。

❷ 数式バーで「E8」の部分をドラッグしてから［F4］キーを押す

❶ 最初の構成比が入力されたセルF3を選択

❸「E8」が絶対参照に変更され「$E$8」と表示されたら、［Enter］キーを押して数式の変更を確定

❹ F3セルを選択し、オートフィル操作でF4からF8までのセルに再度コピー

❺ 売上構成比が正しく表示された

解説

苦手な人必見！ 初心者を悩ませる
相対参照・絶対参照の使い分け

数式が入力されたセルをコピーするときに、一瞬、立ち止まって考えなければならないのが
「相対参照」と「絶対参照」の使い分けです。両者の違いを正しく理解していますか？

数式のコピーと参照形式

数式は1つのセルに入力するだけではなく、隣接するセルにも同じ意味合いの数式をコピー
して使う場合がほとんどです。数式が入力されたセルをコピーするときには、数式内で指定
されているセル番地がどのように移動すれば適切かを考え、必要に応じて参照形式を変更
しましょう。主なセルの参照形式には、「相対参照」と「絶対参照」の2種類があります。

「相対参照」とは

数式のセルをコピーしたとき、初期設定では、数式内で参照されているセル番地も同じ方
向に移動します。この仕組みを「相対参照」といいます。

下の図で、D3セルに予算達成率を求める数式を「=B3/C3」と入力して下方向にコピー
すると、相対参照が働くため、予算額のセル番地「C3」も「C4」、「C5」と下に移動
します。この相対参照の仕組みのおかげで、それぞれの部署の予算達成率が正しく求めら
れます。

相対参照の例

	A	B	C	D
1				
2	課	売上額	予算額	達成率
3	営業1課	900,000	1,000,000	90%
4	営業2課	1,200,000	1,100,000	109%
5	営業3課	850,000	900,000	94%
6				

相対参照のセルは、コピー時に同じ方向へ移動する

=B3/C3
=B4/C4
=B5/C5

第4章 暗黙の時間短縮ワザ

「絶対参照」とは

相対参照に対して、数式のセルをコピーしても数式内のセル番地が移動しないようにする参照形式を「絶対参照」といい、セル番地の行番号と列番号の前に「$」を付けて表します。

下の図では、各課共通の予算額がC1セルに入力されています。C3セルに予算達成率を求める際、数式の中で、C1セルを「$C$1」と絶対参照で指定すると、この数式をコピーしたときにC1セルは移動しなくなります。どの部署にとっても達成率を求める際に参照する予算額のセルは常にC1なので、これで正しく予算達成率が求められます。

絶対参照の例

	A	B	C	D
1		予算額	1,100,000	
2	課	売上額	達成率	
3	営業1課	900,000	82%	=B3/$C$1
4	営業2課	1,200,000	109%	=B4/$C$1
5	営業3課	850,000	77%	=B5/$C$1

絶対参照のセルは、コピー時に同じ方向へ移動しなくなる

参照形式を変更するには

数式内のセル番地の参照形式を変更するには、まず数式が入力されたセルを選択します。次に、数式バーに表示されたセル番地をドラッグして選び、[F4] キーを押します。

[F4] を押すたびに、図の順番で参照形式が変わります。なお、「$」を列番号・行番号の片方だけに表示する形式は「複合参照」といい、右と下の2方向に数式のセルをコピーする際、列・行の片方だけを移動させたくない場合に使います。

参照形式の変更

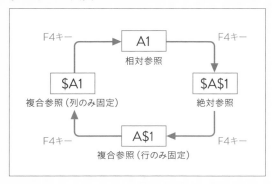

セルの参照形式を考慮しなければならないのは、入力した数式を他のセルにコピーする場合です。数式のコピーが不要であれば、参照形式を変更する必要はありません。

暗黙のワザ
47

別シートや別ファイルから
計算結果をコピーする

ワザレベル3
☺☺☺

別シートで求めた合計値をコピーしたら
「#REF!」と表示された！

> 別シートの合計値をコピーして貼り付け。エラーが表示された！

「関東売上」シート　　　　　　　　　　　　　　「集計」シート

「関東売上」シートの合計をコピーして「集計」シートに貼り付けすると、エラー値が表示されてしまう

「数式」のセルをコピペすると、「数式」が貼り付けされる

複数シートに分けて集計しておいた売上を、1つのシートに合算するには、それぞれのシートから計算結果をコピーします。ところが、上の例で、「関東売上」シートの合計欄のセル（B6からE6）を選んでコピーを行い、「集計」シートのB3セルに貼り付けすると、「#REF!」というエラー値が表示されてしまいます。

この原因は、コピーしたセルの中身が「数式」だからです。たとえば、「関東売上」シートのB6セルには、「=SUM(B3:B5)」という数式が入力されています。このセルをコピペすれば、計算結果ではなく数式そのものが貼り付けられます。その結果、数式内で参照しているセルが貼り付け先シートに存在しないなどの理由で、エラーが表示されてしまうわけです。

 エラー値「#REF!」の意味については P.037 を参照してください。

エラー値が表示される理由

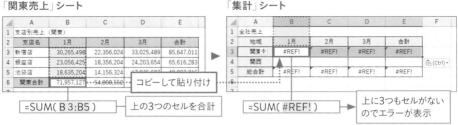

「関東売上」シート

	A	B	C	D	E
1	支店別売上（関東）				
2	支店名	1月	2月	3月	合計
3	新宿店	30,265,498	22,356,024	33,025,489	85,647,011
4	銀座店	23,056,425	18,356,204	24,203,654	65,616,283
5	池袋店	18,635,204	14,156,324	17,035,687	49,827,215
6	関東合計	71,957,127	54,868,552		

コピーして貼り付け

=SUM(B3:B5) → 上の3つのセルを合計

「集計」シート

	A	B	C	D	E	F
1	全社売上					
2	地域	1月	2月	3月	合計	
3	関東	#REF!	#REF!	#REF!	#REF!	
4	関西					
5	総合計	#REF!	#REF!	#REF!	#REF!	

=SUM(#REF!) → 上に3つもセルがないのでエラーが表示

セルへの「リンク」を設定して計算結果を表示する

数式ではなく合計値をそのまま表示するには、「貼り付け」を行う対象を、「関東売上」シートの合計セルへのリンクに変更します。これで、常に最新状態の合計金額が、「集計」シートにも表示されるようになります。

❷ [ホーム] タブの [コピー] を
クリック

B6 =SUM(B3:B5)

❶ 「関東売上」シートの合計欄の
セル（B6からE6）を選択

	A	B	C	D	E
5	池袋店	18,635,204	14,156,324	17,035,687	49,827,215
6	関東合計	71,957,127	54,868,552	74,264,830	201,090,509
7					

❸ 「集計」シートの
B3セルを選択

❹ [貼り付け] の▼をクリック

B3

	A	B	C	D	E
1	全社売上				
2	地域	1月	2月	3月	合計
3	関東	●			
4	関西				
5	総合計	0			
6					

❺ [その他の貼り付けオプション]
から[リンク貼り付け]をクリック

💡 手順❻で貼り付けられた数式は、別シートのセルへの参照で「＝シート名!セル番地」という形式で表示されます。なお、別ファイルのシートのセルをリンク貼り付けした場合、貼り付けられる数式は「＝[ファイル名.xlsx]シート名!セル番地」という形式になります。

❻ 「関東売上」シートの合計セルを
参照する数式が貼り付けられる

B3 =関東売上!B6

❼ セルには合計値が表示された

	A	B	C	D	E
1	全社売上				
2	地域	1月	2月	3月	合計
3	関東	71,957,127	54,868,552	74,264,830	201,090,509
4	関西				
5	総合計	71,957,127	54,868,552	74,264,830	201,090,509

💡 元シートの計算結果が更新される

「関東売上」シートの数値を変更して計算結果が変わった場合は、手順❼の合計値も更新されます。

セルの計算結果を「値」に変換する

別シートの計算結果をコピーする際、合計値などを更新する必要がなければ、「貼り付け」を行う対象を「値」に変更しましょう。「値」として貼り付けた結果は、コピー元の計算式から切り離されて数値データに変換されます。そのため、コピー元の計算結果が変わっても、貼り付けた数値はその影響を受けなくなります。

ここでは、「関西売上」シートの合計値（B6からE6）を「集計」シートのB4セルに「値」として貼り付けましょう。

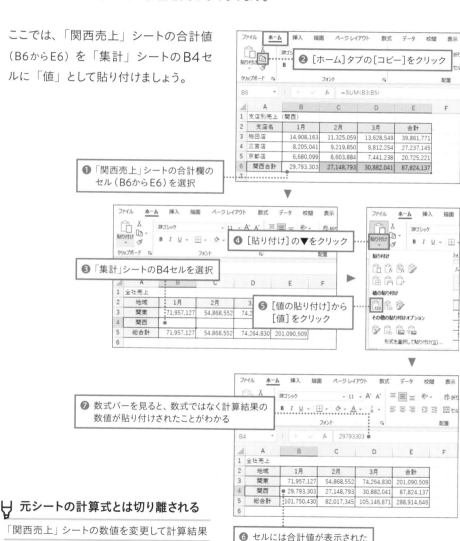

❷ [ホーム]タブの[コピー]をクリック

❶ 「関西売上」シートの合計欄のセル（B6からE6）を選択

❸ 「集計」シートのB4セルを選択

❹ [貼り付け]の▼をクリック

❺ [値の貼り付け]から [値]をクリック

❼ 数式バーを見ると、数式ではなく計算結果の数値が貼り付けされたことがわかる

❻ セルには合計値が表示された

💡 元シートの計算式とは切り離される

「関西売上」シートの数値を変更して計算結果が変わっても、手順❻で「集計」シートに貼り付けられた数値は変更されません。

第4章

暗黙の時間短縮ワザ

133

3種類の関数の
入力方法を使い分ける

仕事に必要な関数を入力するには3種類の方法があります。
それぞれの長所と短所を知ったうえで、使い分けると効率的です。

▌ そもそも関数とは何か

「関数」とは、頻繁に行う計算や複雑な処理をすばやく実行するために用意された公式です。公式なので、ルールの通りに指定すれば、計算の内容を知らなくても結果が求められます。そのため、Excelでの集計やデータの編集に関数の利用は欠かせません。

先頭に「=」が付くことからわかるように、関数は数式の一種です。目的に応じて関数の種類を選び、「関数名」に続けて「引数」と呼ばれる計算や処理に必要な材料をかっこで囲んで指定すると、セルには計算や処理の結果が「戻り値」として表示されます。

関数の構造

引数を複数指定する場合は、カンマで区切る。なお、引数には省略できるものもあり、省略した場合の処理方法は関数によって決まっている

> = 関数名 (引数1 , 引数2 …)
>
> 例)　　= AVERAGE (B2:F2)
> 　　　　　B2からF2までのセルの数値の平均を求める
>
> 　　　　= AVERAGE (B2,F2)
> 　　　　　B2セルとF2セルの数値の平均を求める

▌ 関数を入力する3つの方法

ワザ① キーボードから手入力する

引数が少ない関数や頻繁に使う関数で引数を覚えている場合には、キーボードから手入力するとスピーディーに入力できます。ただし、関数名のスペルに誤りがあったり、記号類の入力漏れがあったりするとエラーになるため、入力ミスには注意が必要です。

ワザ② 「関数の引数」ダイアログボックスを使って入力する

引数を指定する際、「関数の引数」ダイアログボックスを利用すれば、引数欄を選んで内容をわかりやすく指定できます。「=」や関数名の入力が不要な上、引数を区切るカンマやかっこなどの記号類も自動で補われるので、関数に不慣れな場合や、引数が多い複雑な関数を利用する場合に便利です。

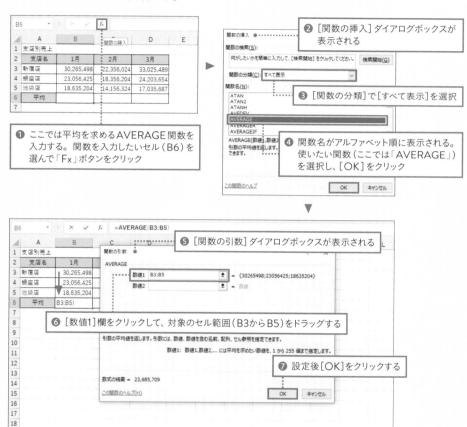

❶ ここでは平均を求めるAVERAGE関数を入力する。関数を入力したいセル（B6）を選んで「Fx」ボタンをクリック

❷ ［関数の挿入］ダイアログボックスが表示される

❸ ［関数の分類］で［すべて表示］を選択

❹ 関数名がアルファベット順に表示される。使いたい関数（ここでは「AVERAGE」）を選択し、［OK］をクリック

❺ ［関数の引数］ダイアログボックスが表示される

❻ ［数値1］欄をクリックして、対象のセル範囲（B3からB5）をドラッグする

❼ 設定後［OK］をクリックする

ワザ③ 頻度の高い5関数は「合計」ボタンから入力する

［ホーム］タブの［合計］ボタンをクリックすると、合計を求めるSUM関数が入力されます。また、右の▼をクリックすると、AVERAGE（平均）、MAX（最大値）、MIN（最小値）、COUNT（数値の個数）の4種類の関数を指定できます。この5種類の関数は、特に使用頻度が高いため、ボタンから直接選んで入力できる仕組みになっています。

第4章 暗黙の時間短縮ワザ

関数名の先頭文字を
指定して自動入力する

ワザレベル2
☺ ☺ ☺

関数名のスペルを間違えると
エラーになる！

Bad

VLOOKUP関数のつづりを間違えたため、「#NAME?」というエラー値（P.037）が表示されてしまった

入力するのは先頭部分だけにしてスペルミスを防ぐ

Excelの関数名は英語に由来するものが多く、スペルを間違えるとBadの図のようにエラーになってしまいます。関数をキーボードから手入力する際は、「=」に続けて先頭文字だけを入力すれば、時間の短縮とスペルミスの予防の両方に役立ちます。

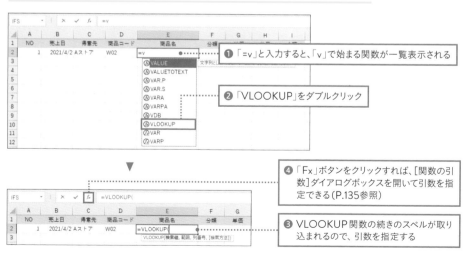

❶ 「=v」と入力すると、「v」で始まる関数が一覧表示される

❷ 「VLOOKUP」をダブルクリック

❹ 「Fx」ボタンをクリックすれば、[関数の引数]ダイアログボックスを開いて引数を指定できる（P.135参照）

❸ VLOOKUP関数の続きのスペルが取り込まれるので、引数を指定する

知らないと損！

＼ 知らずに後悔したくない！
暗黙の禁止ルール ／

印刷するとき、ファイルを送るとき……
これを知らなきゃ後悔します！
提出前に必ず見たい
暗黙ルールをまとめました。

暗黙のワザ
49

2ページ目に送られた列を
1ページに収めて印刷したい

ワザレベル2
☺ ☺ ☺

1列だけが次のページに!
すべての列を同じページに印刷するには?

1列だけはみ出してしまった!

設定することで1ページに収めて印刷できるようになった

すべての列が1ページに入るように自動で縮小する

Excelでは、行や列が1ページに入らなくなった時点で、自動的に次のページに送られます。Bad図のように、わずかに1、2列だけが収まり切らずに2ページ目に印刷されてしまう場合は、多少文字が小さくなっても、横幅を1ページに収めて縮小印刷したほうが、資料としての使い勝手はよくなります。

こんなときは「拡大縮小印刷」を使いましょう。[ページレイアウト]タブの[拡大縮小印刷]では、「横を1ページに収める」「縦を1ページに収める」といった指定をすれば、指示通りに印刷されるよう倍率を自動的に計算して縮小してくれます。

Column

まずは［ページの向きを変更］を横にする

用紙を横置きに変更するだけでも、縦置きより多くの列を1ページに印刷できるようになります。そこで「拡大縮小印刷」を設定する前に、まず［ページレイアウト］タブの［ページの向きを変更］から［横］を選び、用紙の向きを変更しましょう。それでもすべての列が1ページに収まらないようなら、「拡大縮小印刷」を設定するのが実用的です。

「拡大縮小印刷」を設定する

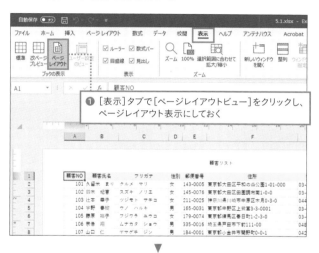

❶ ［表示］タブで［ページレイアウトビュー］をクリックし、ページレイアウト表示にしておく

✍ ページレイアウト表示

印刷された用紙のように周囲に余白がついた表示モードのことです。印刷時の状態を確認しながら編集できるので、印刷に関わる設定をするときに便利です。

［表示］タブの［標準ビュー］をクリックすると、通常の編集画面に戻ります。

❷ ［ページレイアウト］タブの［拡大縮小印刷］で、［横］の▼をクリックし、「1ページ」を選択

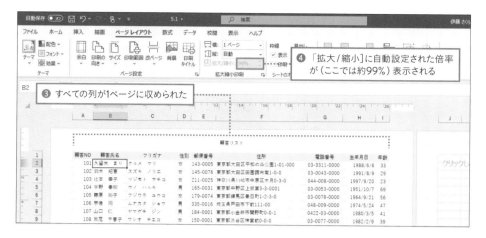

❸ すべての列が1ページに収められた

❹ 「拡大/縮小」に自動設定された倍率が（ここでは約99％）表示される

拡大縮小印刷

手順❷：「拡大縮小印刷」には［横］と［縦］の指定欄があり、1ページに収めたい方だけを指定します。ここでは［縦］は［自動］のままにしておきます。

「拡大縮小印刷」を解除する

「拡大縮小印刷」の設定を解除するには、［横］、［縦］のうち変更した方を「自動」に戻し、「拡大/縮小」欄の倍率を「100％」に変更します。

Column

印刷倍率を自分で指定するには

コピー機で拡大・縮小して印刷するように、倍率を手作業で指定するには、［拡大/縮小］の❶［100％］を任意の倍率に変更します。ただし、❷［拡大/縮小］は［横］、［縦］の両方が［自動］になっていないと指定できません。

── **5.1** 印刷設定せずに提出しない ──

シートの一部だけを
印刷したい

ワザレベル2
☺ ☺ ☺

シート全体が印刷されると
見せたくない情報まで入ってしまう！

Bad

	A	B	C	D	E	F	G	H	I	J	K	L
1	NO	売上日	得意先	商品名	分類	単価	数量	金額		商品名	金額合計	
2	1	2021/4/2	Aストア	シュークリーム	洋菓子	180	20	3,600		シュークリーム	32,400	
3	2	2021/4/2	Bストア	チーズケーキ	洋菓子	350	17	5,950				
4	3	2021/4/2	Bストア	シュークリーム	洋菓子	180	17	3,060				
5	4	2021/4/2	Bストア	ショートケーキ	洋菓子	380	15	5,700	シートのこの部分だけ印刷したい			
6	5	2021/4/2	Bストア	チェリーパイ	洋菓子	480	15	7,200				

右の小さな表は外部の人には見せたくない…そんなときは左の表のみ印刷範囲に設定しよう

▍印刷したくない部分があるなら「印刷範囲」を指定する

特に指定をせずにExcelで印刷を実行すると、データ、表、グラフなどシート上のすべての内容が印刷されてしまいます。印刷されると困る情報が同じシート上にある場合は、印刷したいセル範囲だけを選んで「印刷範囲」に設定しましょう。「印刷範囲」が設定されたシートを印刷すると、自動的に印刷範囲の部分だけが印刷されます。

印刷範囲を設定する

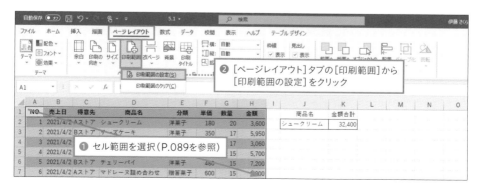

❷ [ページレイアウト]タブの[印刷範囲]から[印刷範囲の設定]をクリック

❶ セル範囲を選択（P.089を参照）

設定した印刷範囲を解除するには、手順❷で［ページレイアウト］タブの［印刷範囲］から［印刷範囲のクリア］を選択します。

シートの一部を一度だけ印刷する

シートを部分的に印刷するのが一度きりであれば、印刷範囲の設定は不要です。印刷範囲は設定せず、下記の手順で印刷しましょう。

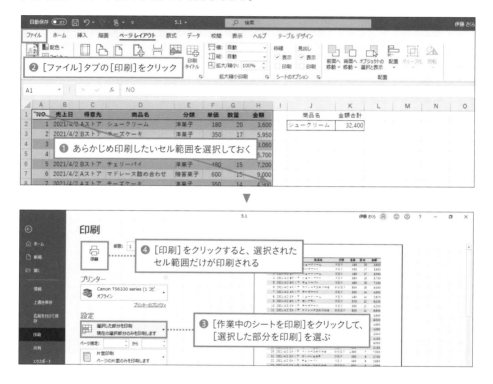

Column

グラフだけを印刷するには

シートに配置したグラフだけを印刷したい場合は、「グラフエリア」をクリックしてグラフを選択し、［ファイル］タブから［印刷］を選択します。印刷の対象に「選択したグラフを印刷」と表示されていることを確認して［印刷］をクリックすると、グラフが用紙全体に拡大して印刷されます。

解説

印刷範囲や改ページ位置を ドラッグ操作で変更したい

大きな表の印刷レイアウトを調整するには、「改ページプレビュー」が便利です。
ドラッグ操作で印刷範囲や改ページの位置を効率よく設定できます。

「改ページプレビュー」とは

Excelでは、行数や列数の多い表を印刷すると、1ページに収まらなくなった時点で自動的に改ページが挿入されます。内容的に切りの悪い箇所で改ページされてしまうと、後から位置を調整したくなりますね。このような場合、改ページプレビューならドラッグ操作だけで改ページ位置や印刷範囲を変更できます。

「改ページプレビュー」を表示するには、[表示] タブの [改ページプレビュー] をクリックします。改ページプレビューでは、印刷範囲が青い実線で、自動的に挿入された改ページ位置が青い点線で表示されます。この線を上下や左右にドラッグして移動すれば、それぞれの位置を変更できます。また、印刷される領域は白、印刷されない領域はグレーと、シートが色分けして表示されます。

「改ページプレビュー」の画面

第**5**章 知らずに後悔したくない！ 暗黙の禁止ルール

印刷範囲を変更する

ここでは、I～K列を印刷範囲から除外して、H列までを印刷するように設定してみましょう。

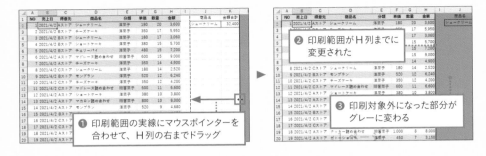

❶ 印刷範囲の実線にマウスポインターを合わせて、H列の右までドラッグ

❷ 印刷範囲がH列までに変更された

❸ 印刷対象外になった部分がグレーに変わる

改ページの位置を変更する

ここでは、売上日が「2021/4/3」に変わったら改ページされるように、39行目付近の改ページ位置を31行目の下まで移動します。

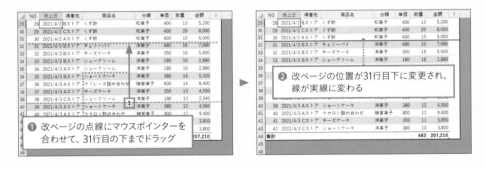

❶ 改ページの点線にマウスポインターを合わせて、31行目の下までドラッグ

❷ 改ページの位置が31行目下に変更され、線が実線に変わる

📌 自動で改ページされる位置を手動で変更すると、線の種類が点線から実線に変わります。

Column

改ページを追加するには

既存の改ページを移動するのではなく、改ページを新たに挿入するには、次のページの先頭に印刷したい行や列を選択して、[ページレイアウト] タブの [改ページ] から [改ページの挿入] をクリックします。

📌 改ページプレビューでは、広範囲の領域が表示されるため、標準ビューよりも画面の表示倍率が低くなります。文字が小さすぎて見づらい場合は、[表示] タブの [ズーム] やウィンドウ右下のズームスライダを利用して、作業しやすい倍率に変更しましょう。

ページ番号を付けて
表を印刷したい

ワザレベル1
☺ ☺ ☺

喜んでもらえるページ番号は「ページ番号 / 総ページ数」形式

複数ページにわたる表の印刷を頼まれたときは、必ずページ番号を設定しましょう。ページ番号はフッターに設定して、各ページの下に印刷するのが一般的です。その際、「1/3」のように、「現在のページ番号」と「総ページ数」を「/」で区切って表示すれば、順番だけでなく、ページの欠落がないかどうかも同時に確認できるので実用的です。

フッターの中央にページ番号を挿入する

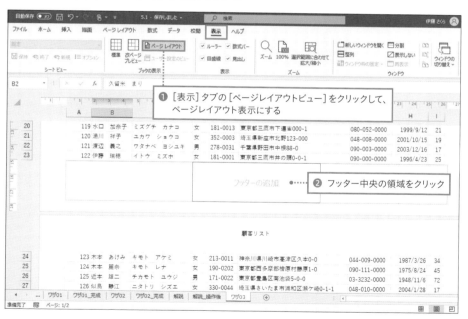

❶ [表示] タブの [ページレイアウトビュー] をクリックして、ページレイアウト表示にする

❷ フッター中央の領域をクリック

▼

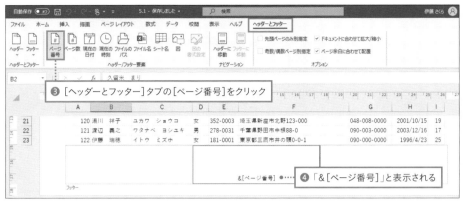

❸ [ヘッダーとフッター]タブの[ページ番号]をクリック

❹ 「&[ページ番号]」と表示される

▼

❺ 「&[ページ番号]」の後ろに「/」を入力

❻ [ヘッダーとフッター]タブの [ページ数] をクリック

❼ 「&[総ページ数]」と表示される

▼

❽ 任意のセルをクリックすると、フッターにページ番号が表示される

𝒞olumn

ページ番号の書式を変更

設定したページ番号は、フォントの種類や文字サイズなどの書式を変更できます。フッターに設定したページ番号をクリックして「&[ページ番号]/&[総ページ数]」という表示が選択されたら、[ホーム]タブの[フォント]や[フォントサイズ]などのボタンで書式を変更します。

列見出し**を**
全ページに印刷する

ワザレベル1
☺ ☺ ☺

列見出しは各ページに印刷したい

複数ページにわたる表を印刷すると、1行目の列見出しは最初のページにしか印刷されません。2ページ目以降にも項目見出しを印刷するには、「印刷タイトル」を設定しましょう。データベースの場合は、1行目のフィールド名を印刷タイトルに設定すると、2ページ目以降のすべてのページに、フィールド名が繰り返し印刷されます。印刷タイトルに設定したフィールド名の行は、その後レコードを追加、削除した場合にも、自動的に各ページの先頭に印刷されます。

フィールド名を印刷タイトルに設定する

① [ページレイアウト]タブの[印刷タイトル]をクリック

② [タイトル行]欄をクリックしてから行番号「1」をクリック

③ 「$1:$1」と表示されたら、[OK]をクリック

④ 1行目のフィールド名がすべてのページの先頭行に印刷される

1ページ目　　　　　　　　　　　　　　2ページ目

第**5**章　知らずに後悔したくない！　暗黙の禁止ルール

セル幅を変えずに
長い文字列を表示するには

長い文字列を入力すると、右隣りのセルにデータを入力した時点で、
セル幅を超えた分の文字が読めなくなってしまいますね。「文字の制御」でこれを回避しましょう。

長い文字列が欠けるのを防ぐ2つの方法

データベースのように列の数が多い表では、それぞれの列の幅を最小限にして、表全体の
幅ができるだけコンパクトに収まるように工夫します。すると、長い文字列を入力する
フィールドでは、入力内容が列幅を超えてしまうことが多くなります。

セルの幅よりも長い文字列をストレスなく表示するには、「セルの書式設定」で「文字の制
御」を設定しましょう。文字の制御には、「折り返して全体を表示する」と「縮小して全体
を表示する」の2種類があります。住所欄など入力内容の末尾が欠けては困るフィールド
には、あらかじめどちらかを設定しておくと安心です。

「住所」フィールドに「文字の制御」を設定する

2種類の文字の制御を設定する手順は同じです。ここでは、設定後の効果がすぐに確認で
きるよう、あらかじめ住所フィールド（F列）の列幅を右端の文字が隠れる程度に狭くして
おきます。

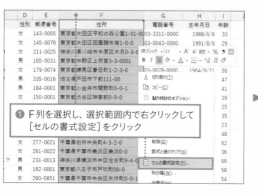

■「文字の制御」の効果の違いを確認する

「折り返して全体を表示する」を設定した場合

F列のセルより長い住所が、セルの右端で下に折り返して表示されます。セル幅を超えてはみ出した文字列を改行して収めたいときに利用します。

文字サイズは変わらないので読みやすさを損ないませんが、セルが下に広がるので、レコード間で行の高さにばらつきが出るのが難点です。

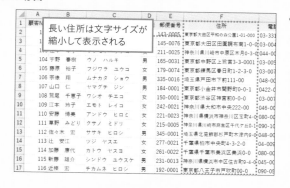

「縮小して全体を表示する」を設定した場合

F列のセルより長い住所は、セル内に収まるように自動的に文字サイズが縮小されます。フィールドの列幅とレコードの行の高さの両方を変更したくない場合に便利です。

ただし、文字数によってフォントサイズに差が出ることと、小さな文字のセルが読みづらくなるデメリットがあります。

Column

特定の位置で文字列を折り返すには

「折り返して全体を表示する」を設定したセルでは、右端に来た時点で文字列が機械的に折り返され、画面の表示と印刷結果でその位置が異なることもあります。特定の位置で改行したい場合は、セルを選択後、数式バーで折り返す位置をクリックし、[Alt] キーを押しながら [Enter] キーを押します（P.043参照）。

暗黙のワザ
53

見積書や請求書は
Excelのまま送らない

ワザレベル1
😊 😊 😊

▌ 重要書類は「PDF」に変換してから送る

「PDF」とは、「Portable Document Format」の略で、直訳すれば「持ち運び可能な書類形式」となります。作成時のレイアウトを変えずにそのまま再現した閲覧専用のファイル形式がPDFです。

通常、パソコンでファイルを開くには、作成元のアプリがパソコンにインストールされている必要があります。Excelファイルなら、Excelがインストールされていないパソコンでは開くことはできませんね。ところがPDFなら、一般的なWindowsパソコンで使われることの多いGoogle Chrome や Microsoft Edgeなどのブラウザーで開いて中身を確認できるので、先方のパソコン環境を気にすることなくファイルを配布できます。

また、請求書などの書類をExcelファイルのまま送付すると、先方でもExcelで中身を編集できるため、数字を書き換えられたり、セルに入力された数式から金額などの算出根拠を知られてしまう恐れがあります。閲覧専用のPDFならそういった心配がないことも、重要書類をPDF形式で送る理由の1つです。

PDFとExcelファイルの違い

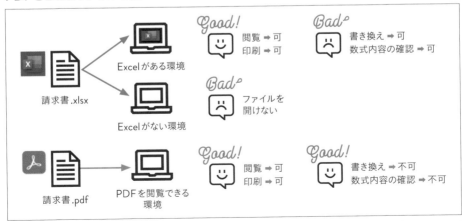

PDFファイルならExcelなど作成元のアプリがないパソコンでも中身を確認できる。また、内容を改ざんされる恐れがないので重要書類の送付に利用される

Excelファイルを PDF に変換する

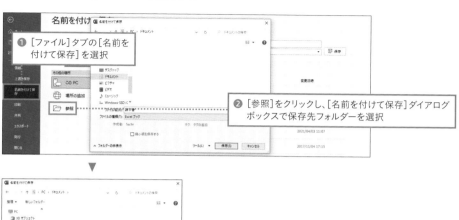

❶ [ファイル]タブの[名前を付けて保存]を選択

❷ [参照]をクリックし、[名前を付けて保存]ダイアログボックスで保存先フォルダーを選択

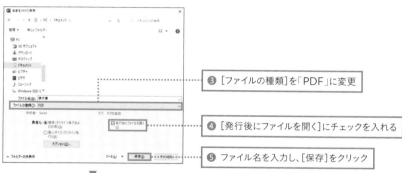

❸ [ファイルの種類]を「PDF」に変更

❹ [発行後にファイルを開く]にチェックを入れる

❺ ファイル名を入力し、[保存]をクリック

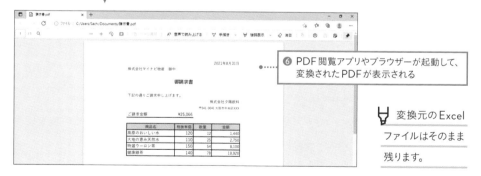

❻ PDF 閲覧アプリやブラウザーが起動して、変換された PDF が表示される

變換元の Excel
ファイルはそのまま
残ります。

Column

ファイル内のすべてのシートを PDF に変換する

初期設定では選択されたシートだけが PDF に変換されます。他のシートも含めてファイル全体を PDF 形式で保存するには、手順❸の後、[オプション] をクリックし、[発行対象] から「ブック全体」を選択します。

コメントを付けたまま
第三者にファイルを渡さない

ワザレベル2
☺ ☺ ☺

コメントやメモで社内のやり取りが丸わかり！
個人情報流出のキケンもあり！

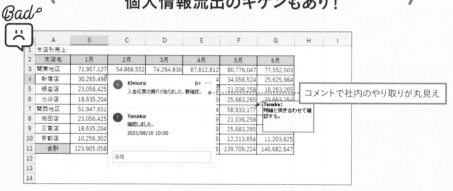

メモやコメントはファイルを開いた人なら誰でも見られる。必ず削除してから送付しよう

部外者に渡すファイルにコメントやメモを残さない

［校閲］タブで［新しいコメント］や［新しいメモ］をクリックすると、セルに付箋を付ける感覚で、覚え書きやレビューの文を自由に入力できます。

ただし第三者に見せるファイルにこれらのコメント類を付けたままにしておくと、内々でのやり取りが外部に知られてしまううえ、記載者の名前が表示されるので個人情報流出の恐れもあります。ファイルを送付する前に、コメントやメモは削除しておきましょう。

シートからコメントとメモを一括削除する

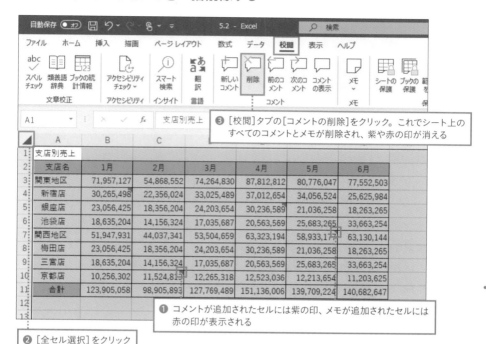

❸ [校閲]タブの[コメントの削除]をクリック。これでシート上の すべてのコメントとメモが削除され、紫や赤の印が消える

❶ コメントが追加されたセルには紫の印、メモが追加されたセルには 赤の印が表示される

❷ [全セル選択]をクリック

Column

コメントとメモの違い

コメントは、会話をするようにメッセージを投稿できる機能です。[投稿]ボタンをクリックすると セルに追加され、それに対する返信を書き込むこともできます。一方、✓ メモは、付箋 紙のような黄色い枠に自由に文字列を入力できます。

✓「メモ」機能

「メモ」は、2013までのExcelで「コメント」と呼ばれていた機能と同じものです。

解説

ファイルに残る「不要なゴミ」を 検査で見つけて削除する

外部の人に渡すExcelファイルは、第三者に見られても問題がない状態にしてから送付します。
その際に役立つ「ドキュメント検査」の使い方を知っておきましょう。

■「ドキュメント検査」でファイルの問題を短時間で見つけ出す

Excelファイルを第三者に渡す前に削除しておきたい内容には、次の2種類があります。

- 個人情報などコンプライアンスの関係上、外部に流出すると問題がある情報
- 編集の結果をそのままにしておくとトラブルになる可能性を含む内容

これらは多岐にわたり、一つひとつを探して確認するには、膨大な時間がかかります。
「ドキュメント検査」は、こういった「不要なゴミ」ともいえる内容がファイルに含まれてい
るかどうかを一括で調べる機能です。下表の内容は特に重要な項目です。検査の結果、
発見された項目の中には、検査画面から一括で削除できるものもあります。

「ドキュメント検査」で重点的に探したい内容

項目	内容
コメントと注釈	コメントとメモ（P.152参照）、および手書きモードで描いた文字や図形を検出する。「すべて削除」で一括削除できる
ドキュメントのプロパティと個人情報	ドキュメントのプロパティ、作成者、ファイルのパスなど個人を特定できる情報が含まれる。「すべて削除」で一括削除できる
非表示の行、列、ワークシート	非表示に設定された行、列、シートには、社外に出してはいけない数字などが隠れていることが多い。検出された場合は、面倒でも、対象の行、列、シートを再表示して内容を確認しよう。なお、「すべて削除」をクリックすると、対象の行、列、シートを一括削除できるが、セル参照がおかしくなり数式がエラーになる場合もあるので注意が必要
ヘッダーとフッター	ファイルのパス、作成者など個人を特定できる情報が含まれる可能性がある。問題がなければ、検出されてもそのまま残せばよい
VBAコードのマクロ	マクロやVBAモジュールが含まれているファイルは、開くときに警告メッセージが出る。不要なマクロは削除しよう
外部リンク	他のファイルにあるデータへのリンクが設定されていると、送付先でリンク切れのエラーが表示される。手動で削除しよう

⊔ シートの再表示

非表示になったシートを再表示するには、いずれかのシート見出しで右クリックし［再表示］を選択し、
非表示になったシートを選択して［OK］をクリックします。行や列の再表示についてはP.047を参照。

ドキュメント検査を実行する

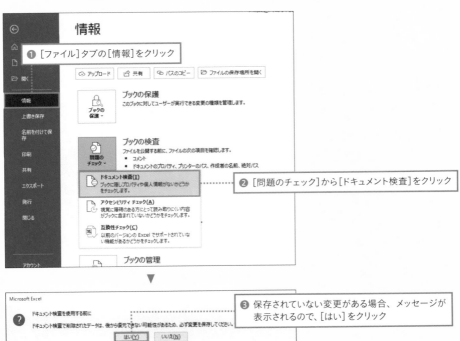

❶ ［ファイル］タブの［情報］をクリック

❷ ［問題のチェック］から［ドキュメント検査］をクリック

❸ 保存されていない変更がある場合、メッセージが
表示されるので、［はい］をクリック

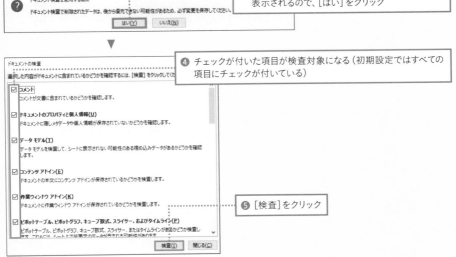

❹ チェックが付いた項目が検査対象になる（初期設定ではすべての
項目にチェックが付いている）

❺ ［検査］をクリック

⑥ 問題が検出されると「！」が表示され、項目によっては、[すべて削除]で削除できる

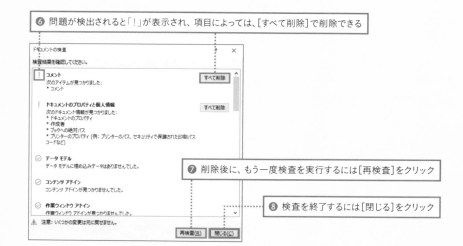

⑦ 削除後に、もう一度検査を実行するには[再検査]をクリック

⑧ 検査を終了するには[閉じる]をクリック

⛏ [すべて削除]の使用には注意

手順⑥で［すべて削除］をクリックすると、元に戻せない項目もあります。うっかり必要な内容を削除してしまった場合は、保存せずにファイルを閉じて開きなおしましょう。これで削除された内容を元のように復元できます。

第 6 章

行列の見出しを一瞬で入れ換え!?

Excel
暗黙のスゴワザ機能

Excelにはあっと驚くこんな便利な機能もあります。
最終章では「知っておけば達人クラス」な
お役立ちワザを一挙に紹介です！

行列の見出しを
一瞬で入れ替える

ワザレベル3
☺☺☺

■ 集計表の行と列を「貼り付け」で入れ替える

第2章で紹介したとおり、集計表は全体のレイアウトが縦長になるように見出しを配置する方が使いやすくなります（P.040参照）。ただし、横長の表を作ってしまったからといって、最初から作り直す必要はありません。「コピー」と「貼り付け」を応用すれば、行と列の項目を一瞬で入れ替えることができます。

行と列を入れ替えて表を貼り付ける

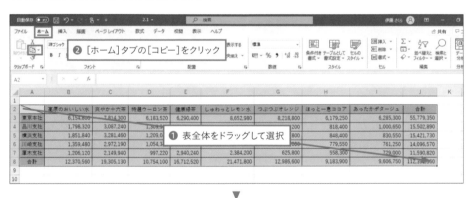

❷ ［ホーム］タブの［コピー］をクリック

❶ 表全体をドラッグして選択

▼

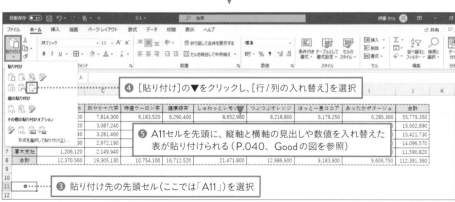

❹ ［貼り付け］の▼をクリックし、［行/列の入れ替え］を選択

❺ A11セルを先頭に、縦軸と横軸の見出しや数値を入れ替えた表が貼り付けられる（P.040、Goodの図を参照）

❸ 貼り付け先の先頭セル（ここでは「A11」）を選択

1行おきに
表に自動で色を付ける

ワザレベル2
☺ ☺ ☺

「横縞の表」にすれば
データを目で追いやすい！

Good!
☺

1行おきに自動で色が付いてデータが確認しやすくなった

レコードを確認するとき、1行おきに色が付いた表はデータを目で追いやすい。視覚的にやさしい縞模様の表にするなら「テーブル」機能を使おう

■「テーブル」に変換したデータベースは目にやさしい

データベースの表でレコードを確認するときには、左から右へと視線を移しながら、項目や数字を見ていきます。1行おきにセルに色が設定されていると、行を間違えにくいため、美しいだけでなく視覚的にもやさしい表になります。

データベースに縞模様を設定するには、表を「テーブル」に変換しましょう。テーブルに変換すると、自動的に表全体に横縞模様が設定されます。下にレコードを追加した場合にも、1行おきの背景色は自動で拡張されるので設定しなおす必要はありません。

それ以外にも、表をテーブルに変換すると、次のようなメリットがあります。

- フィールド名のセルにフィルター矢印が自動的に設定される
- レコードを最下行に追加すると、フィールドに設定された数式が新しい行にコピーされ、計算結果が自動で表示される
- 「集計行」を利用して、フィールドのデータの合計や個数などを集計できる（P.108参照）

データベースをテーブルに変換する

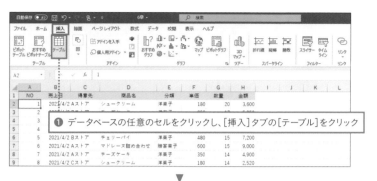

❶ データベースの任意のセルをクリックし、[挿入]タブの[テーブル]をクリック

▼

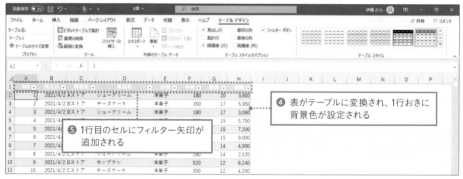

❷ データベース全体の範囲が点線で囲まれ、データ範囲の欄にセル番地が自動で表示される

❸ [先頭行をテーブルの見出しとして使用する]にチェックを入れて、[OK]をクリック

▼

❹ 表がテーブルに変換され、1行おきに背景色が設定される

❺ 1行目のセルにフィルター矢印が追加される

⌇ 色を変更したいときは?

テーブルの色やデザインは[テーブルデザイン]タブの[テーブルスタイル]から変更できます。

⌇ 縞模様が設定されない

テーブルに縞模様が設定されないときは、[テーブルデザイン]タブの[テーブルスタイルのオプション]で[縞模様（行）]にチェックを入れましょう。

レコードを追加するには

テーブルの最下行にデータを入力すると、自動的にテーブルにレコードが追加され、縞模様の書式も拡張されます。

	A	B	C	D	E	F	G	H	I
2161	2160	2021/6/30	Bストア	チーズケーキ	洋菓子	350	7	2,450	
2162	2161	2021/6/30	Cストア	マドレーヌ詰め合わせ	贈答菓子	600	7	4,200	
2163	2162	2021/6/30	Bストア	モンブラン	洋菓子	520	6	3,120	
2164	2163	2021/6/30	Bストア	マドレーヌ詰め合わせ	贈答菓子	600	6	3,600	
2165	2164	2021/6/30	Cストア	ガトーショコラ	洋菓子	450	5	2,250	
2166	2165	2021/6/30	Aストア	ガトーショコラ	洋菓子	450	4	1,800	
2167	2166	2021/6/30	Cストア	チーズケーキ	洋菓子	350	4	1,400	
2168	2167	2021/6/30	Bストア	クッキー詰め合わせ	贈答菓子	1,000	2	2,000	
2169	2168	2021/6/30	Bストア	みたらし団子	和菓子	250	40	10,000	
2170	2169	2021/6/30						2,750	
2171	2170 ●								
2172									
2173									

❶ テーブルの下の空のセル(「A2171」)を選択し、「2170」と入力して、[Enter]キーを押す

▼

	NO	売上日	得意先	商品名	分類	単価	数量	金額	I
2161	2160	2021/6/30	Bストア	チーズケーキ	洋菓子	350	7	2,450	
2162	2161	2021/6/30	Cストア	マドレーヌ詰め合わせ	贈答菓子	600	7	4,200	
2163	2162	2021/6/30	Bストア	モンブラン	洋菓子	520	6	3,120	
2164	2163	2021/6/30	Bストア	マドレーヌ詰め合わせ	贈答菓子	600	6	3,600	
2165	2164	2021/6/30	Cストア	ガトーショコラ	洋菓子	450	5	2,250	
2166	2165	2021/6/30	Aストア	ガトーショコラ	洋菓子	450	4	1,800	
2167	2166	2021/6/30	Cストア	チーズケーキ	洋菓子	350	4	1,400	
2168	2167	2021/6/30	Bストア	クッキー詰め合わせ	贈答菓子	1,000	2	2,000	
2169	2168	2021/6/30	Bストア	みたらし団子	和菓子	250	40	10,000	
2170	2169	2021/6/30	Cストア	みたらし団子	和菓子	250	23	5,750	
2171	2170	2021/6/30	Aストア	チーズケーキ	洋菓子	350	● 12	4,200	
2172									
2173									

❷ 縞模様が2171行目にも拡張される

❸ 数量を入力すると、金額欄の数式がコピーされ、金額が自動で計算される

✐ テーブル内のセルを選択すると、列番号の欄にはフィールド名が表示されます。そのため、テーブルに変換した表では、ウィンドウ枠の設定(P.044参照)は必要ありません。

✐ Excelの一部の機能は、テーブルに変換された表では利用できません。テーブルを解除して元の表に戻すには、テーブル内の任意のセルをクリックし、[テーブルデザイン]タブの[範囲に変換]をクリックします。ただし縞模様などの書式は、解除後もそのまま残ります。

57

セルを選ぶと入力モードが
自動で切り替わる

ワザレベル3
☺ ☺ ☺

IMEの切り替えを自動化して
レコードの入力をスピードアップ！

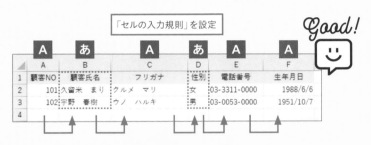

「セルの入力規則」を設定

漢字変換を行うB列とD列のセルを選択すると、
IMEが自動で「ひらがな」モードに変わり、入力を高速化できる

■「IMEの自動切り替え」で入力スピードをアップ

Excelでは、IME入力モードの初期値が「半角英数」です。そのため、数値や数式が入力されたフィールドではそのままデータを入力できますが、漢字変換を伴う日本語のフィールドでは、「半角／全角」キーを押して、入力モードを「ひらがな」に変更してからセルにデータを入力します。データベースのように左から右へとセルを移動しながら入力する場合、IMEの切り替えが頻繁になるため、入力スピードが落ちてしまいます。

「セルの入力規則」を設定すれば、セルごとにIMEの入力モードを指定できます。ここでは、「顧客氏名」フィールド（B列）と「性別」フィールド（D列）のセルを選択したら、入力モードが「ひらがな」に変わるように設定しましょう。これで、入力モードをいちいち手作業で切り替える必要がなくなり、入力の時短につながります。

セルの入力規則を設定する

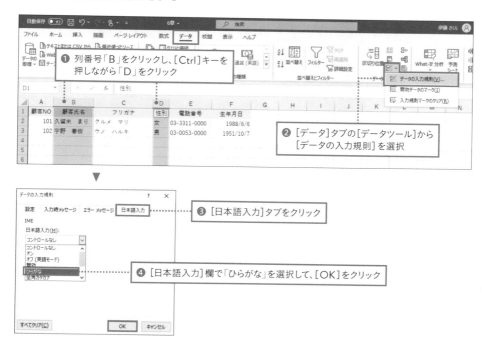

❶ 列番号「B」をクリックし、[Ctrl]キーを押しながら「D」をクリック

❷ [データ]タブの[データツール]から[データの入力規則]を選択

❸ [日本語入力]タブをクリック

❹ [日本語入力]欄で「ひらがな」を選択して、[OK]をクリック

B列とD列のセルに入力規則が設定されます。IME入力モードの変化を確認しましょう。

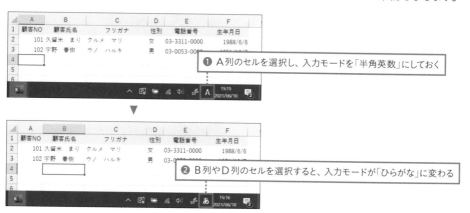

❶ A列のセルを選択し、入力モードを「半角英数」にしておく

❷ B列やD列のセルを選択すると、入力モードが「ひらがな」に変わる

C列の「フリガナ」フィールドには、関数を入力し、フリガナが自動で表示されるように設定しています（P.164参照）。「フリガナ」フィールドは、かな文字のフィールドですが、IMEの入力モードを半角英数のままにしておくのはそのためです。

58
氏名を入力するとフリガナが
同時に表示される

ワザレベル2
☺ ☺ ☺

\ 面倒なフリガナの入力、 / *Good!*
関数で自動化したい
☺

氏名とフリガナ、同
じ内容を2度入力し
ないといけないの？

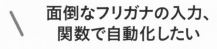

氏名を入力するとフリガナが
自動で入力される

フリガナはPHONETIC関数で自動入力できる

名簿形式のデータベースには、よく顧客名や会社名の正確な読みを記録したフリガナのフィールドを設けることがあります。このとき、顧客名を入力してそのフリガナを再度入力するのでは手間がかかりますよね。

そこで、「フリガナ」フィールドのセルには、あらかじめPHONETIC（フォネティック）関数を設定しておきましょう。これでB列の「顧客氏名」フィールドにデータが入力されたら、その読みがC列の「フリガナ」フィールドに連動して表示されるようになります。

Column

正しい並べ替えのためにも「フリガナ」フィールドは必須

B列の「顧客氏名」フィールドを基準にして昇順での並べ替えを実行すると、入力時に本来の読みとは異なる読みで漢字変換したデータが混ざっていた場合、完全な五十音順には並びません。

顧客を正確な五十音順で並べ替えるには、漢字を含まないカナ文字だけのフィールドを用意して、その列を基準に昇順での並べ替えを行う必要があります。C列のような「フリガナ」フィールドを設けることが一般的なのは、そのためです（P.092参照）。

PHONETIC関数を設定する

PHONETIC関数は、セルに入力した文字列の読みを別のセルに取り出して、フリガナとして表示できます。引数「参照」には、フリガナを表示させたい文字列のセルを指定します。

・セルに入力した読みをフリガナとして表示

=PHONETIC (参照)

ここでは、C2セルにPHONETIC関数の式を入力して、「参照」には、顧客の氏名が入力されたB2セルを指定します。

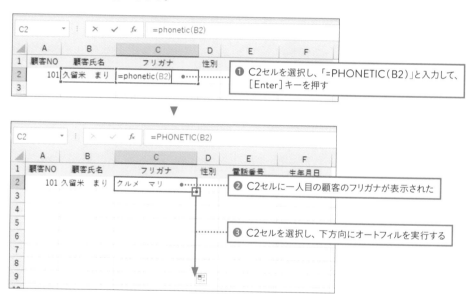

手順❸で、PHONETIC関数の式をコピーしたセルには、B列のセルに顧客氏名を入力した時点でフリガナが表示されます。それまでは、PHONETIC関数の式がコピーされたセルは空欄になります。

誤ったフリガナを修正する

PHONETIC関数では、セルに入力した言葉の読みが機械的に表示されます。そのため、本来の読みとは異なる読みを入力して変換した場合は、誤った読みがそのまま表示されてしまいます。

ここでは、C4セルの「フジワラユウコ」を「フジワラヒロコ」に修正しましょう。

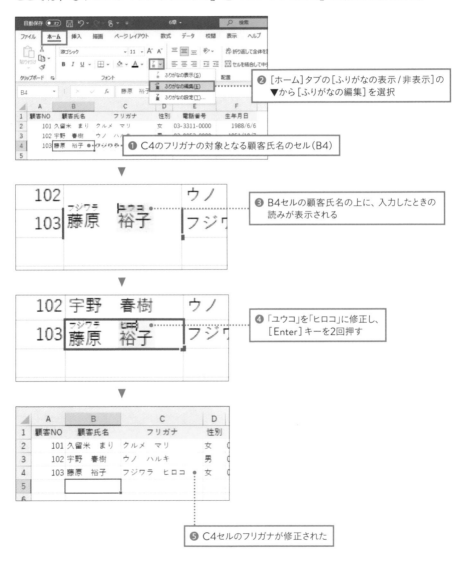

❷ [ホーム]タブの[ふりがなの表示/非表示]の▼から[ふりがなの編集]を選択

❶ C4のフリガナの対象となる顧客氏名のセル(B4)

❸ B4セルの顧客氏名の上に、入力したときの読みが表示される

❹ 「ユウコ」を「ヒロコ」に修正し、[Enter]キーを2回押す

❺ C4セルのフリガナが修正された

59

複数シートの同じ番地の
セルを一気に合計したい

ワザレベル3
☺ ☺ ☺

シートを分けて入力した売上を
1つのシートに集計する

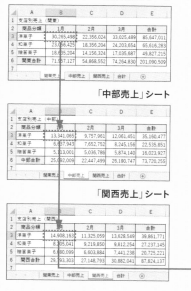

「関東売上」シート

「中部売上」シート

「関西売上」シート

=SUM('関東売上:関西売上'!B3)

Good!
☺

「合計」シート

同じ番地にあるセル同士を串で刺すように一気に集計
するには「3D集計」を使おう

「異なるシートの同じ番地のセル」を合計する

Goodの図では、各商品の売上を地域別のシートに分けて入力しています。このような場合、すべての表のレイアウトを統一しておけば、「3D集計」という手法を使って効率よく集計できます。3D集計とは、「関東売上」シートから「関西売上」シートまでの3枚のシートを重ねておき、B3セルを上から串で刺すように集計する方法です。集計結果が表示された「合計」シートのB3セルには、「『関東売上』から『関西売上』までのシートのB3セル」を合計するSUM関数の式が自動的に設定されます。

167

3D集計を設定する

まず、「合計」シートのB3セルに、「関東売上」シートから「関西売上」シートまでのB3セルの数値を合計する数式を入力します。

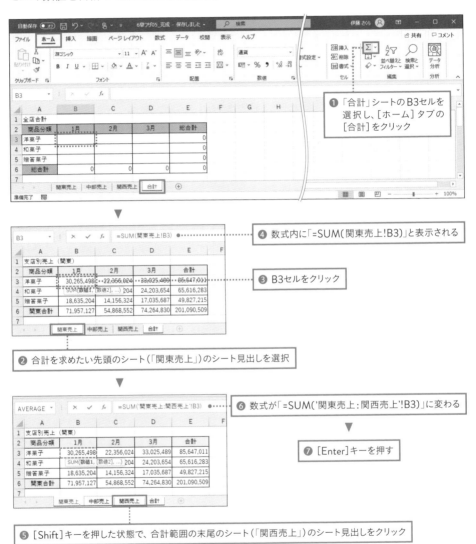

● 「合計」シートのB3セルを選択し、[ホーム] タブの[合計]をクリック

❹ 数式内に「=SUM(関東売上!B3)」と表示される

❸ B3セルをクリック

❷ 合計を求めたい先頭のシート(「関東売上」)のシート見出しを選択

❻ 数式が「=SUM('関東売上:関西売上'!B3)」に変わる

❼ [Enter]キーを押す

❺ [Shift]キーを押した状態で、合計範囲の末尾のシート(「関西売上」)のシート見出しをクリック

手順❻で入力された数式は、「『関東売上』から『関西売上』までのシートのB3セルを合計する」という意味です。

168

B3セルに入力された数式を、オートフィル操作で他のセルにもコピーします。

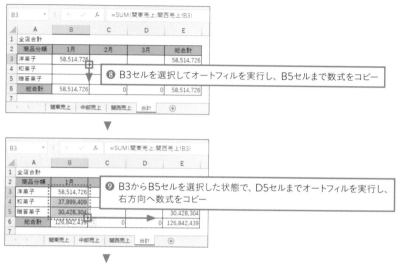

❽ B3セルを選択してオートフィルを実行し、B5セルまで数式をコピー

❾ B3からB5セルを選択した状態で、D5セルまでオートフィルを実行し、右方向へ数式をコピー

❿ 表のすべてのセルに「関東売上」から「関西売上」までのシートの合計結果が表示された

 **シートの並び順の変更はNG**

3D集計を設定したファイルでは、シートの並び順を変更できません。数式の中でシートの範囲を指定しているので、シートの順番が変わると計算結果がおかしくなります。

平均も求められる

前ページの手順❶で［合計］ボタン右の▼から「平均」を選択すれば、平均を求めるAVERAGE関数が入力され、各セルの売上の平均を求めることができます。操作の手順は合計の場合と同じです。

ゴールシークで
数式の結果から
必要なセルの値を逆算できる

ワザレベル3
☺ ☺ ☺

＼ 指定した利益を得るために ／
必要な製造数は？

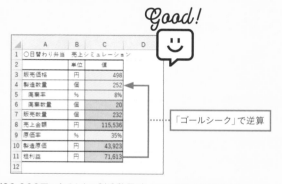

Good!

表を元に粗利益が90,000円になるときの製造数量がいくつになるかを求めたい

▌ゴールシークで計算結果から数値を逆算する

Excelの数式では、セル参照を利用して計算を行うので、数値をセルに入力しておけば計算結果が自動で求められます。このような、セル参照を元にして計算の結果からセルに入力する数値を逆算する機能を「ゴールシーク」といいます。

上の図は、弁当の1日の売上試算表です。緑色のセルにはあらかじめ必要な計算式が入力されています。赤色のセル（販売価格、製造数量、廃棄率、原価率）の数値を変更すれば、計算の結果もそれに応じて変わります。この表を元にすれば、ゴールシークを使って、「粗利益」（C11）が90,000円になるときの「製造数量」（C4）を求めることができます。

ゴールシークを設定する

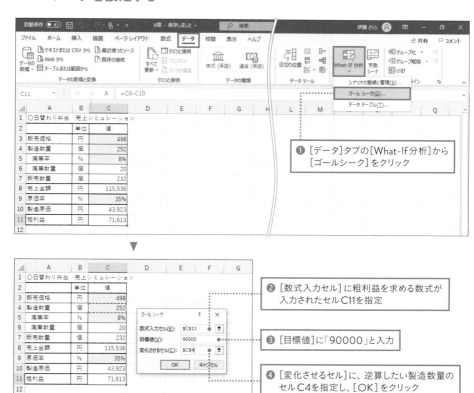

❶ [データ]タブの[What-If分析]から[ゴールシーク]をクリック

❷ [数式入力セル]に粗利益を求める数式が入力されたセルC11を指定

❸ [目標値]に「90000」と入力

❹ [変化させるセル]に、逆算したい製造数量のセルC4を指定し、[OK]をクリック

🖋 [数式入力セル]と[変化させるセル]は、セルをクリックすると絶対参照で指定されます。

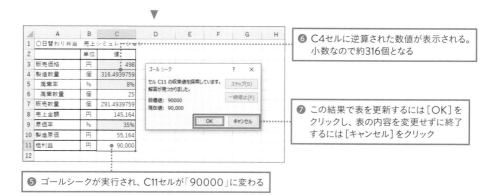

❻ C4セルに逆算された数値が表示される。小数なので約316個となる

❼ この結果で表を更新するには[OK]をクリックし、表の内容を変更せずに終了するには[キャンセル]をクリック

❺ ゴールシークが実行され、C11セルが「90000」に変わる

🖋 [変化させるセル]には、数値が入力されたセルを指定します。数式が入力されたセルは指定できません。

61

棒と折れ線を組み合わせた グラフを作りたい

ワザレベル2
☺ ☺ ☺

大きさが違いすぎる2つの数字を グラフ化するには?

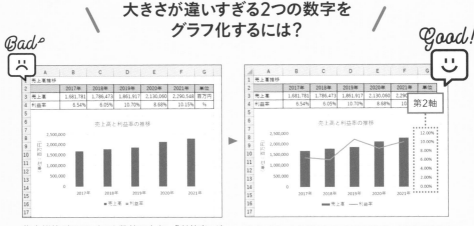

集合縦棒グラフにすると数値の小さい「利益率」が
表示されない!

複合グラフなら「売上高」と「利益率」を同じ領域で
無理なく表現できる

■ 性質の異なる2つの内容を同じグラフで表す

「複合グラフ」とは、性質が異なる2種類の数値データを同じ領域に配置したグラフのこと
です。「夏の平均気温とエアコンの出荷台数」など、異なるデータ間に関連があるかどうか
を調べるときによく利用されます。

なお、性質の違うデータは大きさに開きがあることが多いため、「複合グラフ」では、数値
が小さい方(ここでは「利益率」)の目盛りを右に分けて表示できます。このような右側に設
けたもう1つの縦軸を「第2軸」といいます。

上の例では、「売上高」と「利益率」を同じ目盛で単純にグラフ化すると、小さい値であ
る「利益率」の縦棒が表示されなくなってしまいます。こんな場合は、「複合グラフ」にし
て「利益率」の目盛を第2軸に移動すれば、同じグラフ領域に両者を表示して、関連が
あるかどうかを検討できます。

複合グラフを作成する

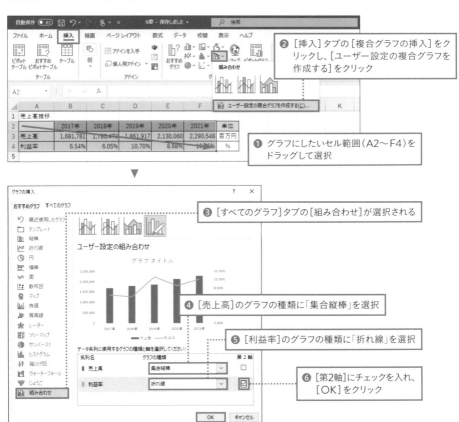

❷ [挿入]タブの[複合グラフの挿入]をクリックし、[ユーザー設定の複合グラフを作成する]をクリック

❶ グラフにしたいセル範囲(A2～F4)をドラッグして選択

❸ [すべてのグラフ]タブの[組み合わせ]が選択される

❹ [売上高]のグラフの種類に「集合縦棒」を選択

❺ [利益率]のグラフの種類に「折れ線」を選択

❻ [第2軸]にチェックを入れ、[OK]をクリック

Column

縦棒と折れ線の使い分け

複合グラフでは、2つの内容のうち片方を縦棒グラフ、もう片方を折れ線グラフで表すことが一般的です。表を参考に、グラフ化したい内容の性質によって、縦棒グラフか折れ線グラフかを使い分けましょう。

グラフの種類	特徴	グラフ化する対象
縦棒グラフ	数や量が目に見えるもの	商品などの数量、人数、降水量、売上や貯蓄などの金額
折れ線グラフ	数値の大きさが目に見えないもの	単価、株価、気温、割引率や利益率などの指標

INDEX

STAFF

ブックデザイン：岩本 美奈子
カバーイラスト：docco
DTP：AP_Planning
担当：古田 由香里

AUTHOR

木村 幸子 きむら さちこ

フリーランスのテクニカルライター。大手電機メーカーのソフトウェア開発部門にてマニュアルの執筆、編集に携わる。その後、PCインストラクター、編集プロダクション勤務を経て独立。現在は、主にMicrosoft Officeを中心としたIT書籍の執筆、インストラクションで活動。著書に「マンガで学ぶエクセル 集計・分析 ピボットテーブル（小社刊）」など。趣味はガーデニングと街歩き。

https://www.itolive.com

もっと早く知りたかった！
Excel 暗黙のルール

2021年9月24日　初版第1刷発行

著者　木村 幸子
発行者　滝口 直樹
発行所　株式会社マイナビ出版
　　　　〒101-0003　東京都千代田区一ツ橋2-6-3　一ツ橋ビル2F
　　　　☎0480-38-6872（注文専用ダイヤル）
　　　　☎03-3556-2731（販売）
　　　　☎03-3556-2736（編集）
　　　　編集問い合わせ先：pc-books@mynavi.jp
　　　　URL：https://book.mynavi.jp
印刷・製本　シナノ印刷株式会社